高等院校化学化工类专业系列教材

绍兴市重点教材

绍兴文理学院应用型本科教材出版基金资助

Applied Chemistry Experiment

应用化学实验教程

主　编　季根忠

副主编　方　萍

ZHEJIANG UNIVERSITY PRESS
浙江大学出版社

导　　言

　　应用化学专业是由原无机化学、有机化学、精细化工、化学工艺与工程等专业归并而成的宽口径专业。专业化学实践能力和工艺工程实践能力的培养是本专业教学的主要任务之一。作为一门重要的专业实践性课程，本课程的目的是培养学生掌握现代分析技术、精细化工及化学工程与工艺专业的专业实验技术与实验研究方法。

　　本课程应达到以下教学要求：

　　(1) 使学生了解本专业实验研究的领域及基本方法；

　　(2) 使学生掌握专业实验的基本技术和操作技能；

　　(3) 使学生学会现代分析仪器、专业实验仪器的使用；

　　(4) 培养学生分析问题和解决问题的能力；

　　(5) 提高学生的自学能力、独立思考能力与创新能力。

　　本教材的使用对象是应用化学、精细化工等专业的本科生。教师应根据实际情况选择一定量的实验进行教学，建议教学时数 48～64 学时。

　　实验预习。学生应根据实验所列预习思考题，了解每个实验的目的、原理、流程、装备与控制，并对实验步骤、实验数据采集与处理方法有所了解，特别应对仪器分析中的仪器的构造进行深入的预习。教师应检查学生预习情况，在实验前通过多种方式检查学生的预习情况，并记录在案，作为评分依据之一。

　　实验过程。在已有的实验方案的基础上，精心调节实验条件，细心观察实验现象，正确记录实验数据。教师在教学时，有责任指导学生正确使用实验仪器，并督促学生严格采集实验数据，养成优良的实事求是的学风。要教育学生不得涂改记录，不得伪造数据。实验过程中，教师应重视培养学生根据实验现象提出问题、分析问题的能力。

　　实验报告。实验完成后，学生应认真独立撰写报告。实验报告应做到层次分明、数据完整、计算准确、结论明确、图表规范、讨论深入。要重视实验讨论这一环节，实验讨论是对学生创新思维的训练。

　　一个完整的专业实验过程相当于一个小型的科学研究过程：预习大体上相当于查阅文献和开题论证，实验操作相当于试验数据的测定，实验报告就是一篇小型论文。参加一次实验，要视为参加科学研究的初步训练，学生应认真对待并参与专业实验的全过程。

　　本教材由绍兴文理学院应用化学教研组的教师共同编写，季根忠主编，方萍副主编，参加编写的还有沈永淼、邵颖、刘福建等老师。

　　本教材主审人为董坚教授，他提出了诸多修改意见，对提高本书的质量有很大帮助。

　　由于编者的水平和实验设备有限，本教材有不少欠缺之处，欢迎读者批评指正。

编者

2014 年 10 月

目　　录

第1章

专业实验基础

　　应用化学实验是学习和掌握有机合成、精细化工、化学工程与工艺科学实验研究方法的一个重要实践性环节。不同于基础实验,其目的是为了巩固一个原理,观察一种现象或训练实验的基本操作技能等。而专业实验的组织和实施方法为:① 为了有针对性地掌握专业学科中的典型反应、化学中的最新进展及解决一个具有明确工业背景的化学工程和工艺问题等。② 初步培养学生分析问题、解决问题的方式方法,培养学生的科研素养,即从查阅文献、收集资料入手,在尽可能掌握与实验项目有关的研究方法、检测手段和基础数据的基础上,优选技术路线。③ 掌握专业实验的组织与实施原则、实验方案的设计、实验设备的选配、实验流程的组织与实施方法,从而完成实验工作,并通过对实验结果的分析与评价获取最有价值的结论。

　　化学实验通常由预习、实验过程和撰写实验报告三个环节构成。基础化学实验阶段的预习内容包括实验目的、实验原理、实验药材和仪器、实验内容及注意事项等。作为专业化学实验,为了达到培养学生分析问题、解决问题的目的,预习内容还要求包括实验技术路线与方法的选择、实验的设计与组织、数据的利用与分析、实验安全等内容。为了让学生较全面、快速地了解这些内容,有必要对它们进行论述。

1.1　实验技术路线与方法的选择

　　应用化学是以生产实践为目标,开发化工产品、合成工艺、筛选工程设备等等的实践活动。它涉及面广,内容丰富。由于实验目的、研究对象的特征不同,系统的复杂程度不同,所采取的方法、手段必然有差别。实验者要想高起点、高效率地着手实验,必须对实验技术路线与方法进行选择。一个课题从选题到结束通常由 7 个环节(如图 1-1 所示)构成:

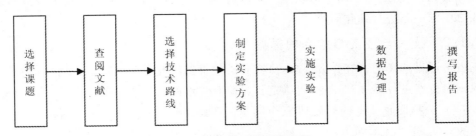

图 1-1　产品开发研究流程

技术路线与方法的正确选择应建立在对实验项目进行系统周密的文献调查研究的基础

上,认真总结和借鉴前人的研究成果,紧紧依靠化学基本理论的指导和科学的实验方法论,结合相关领域的技术发展,以寻求最合理的技术路线、最有效的实验方法。

从有机合成角度讲,有机合成路线选择的一般原则为:① 合成步骤越少越好。② 进行合成的每一部反应的产率要高,且产物易分离、提纯。③ 原料廉价易得。④ 反应条件温和,操作简单。⑤ 尽可能避免有毒、有污染的副产物产生等等。从工业产品开发上讲,选择技术路线时还应考虑如下原则:

1.1.1 创新性与可靠性相结合的原则

总结和借鉴前人的研究成果后,可以看到几乎所有的化工产品开发过程中都会出现多条技术路线、多种方法可供选择。具体应采取哪条路线进行研究,往往受研究的目的、当地的条件等多方面的影响,其中创新是研究永恒的主题,只有创新才能推动技术的进步,才能创造更多的财富。但对于生产型研究来说,任何创新都必须建立在可靠性基础上,没有可靠性的生产工艺,就不能生产出可靠的产品。

以生产尼龙 66 的单体己二酸为例分析说明。查阅文献后得知,可供参考的主要技术路线如下:

(1) 苯(加氢)→环己烷(氧化)→环己酮(氧化)→己二酸。

(2) 苯+丙烯→异丙苯(过氧化)→过氧化异丙苯→丙酮+苯酚(加氢)→环己酮(氧化)→己二酸。

(3) 苯(加氢)→环己烯(水合)→环己醇(脱氢)→环己酮(氧化)→己二酸。

(4) 苯(选择氧化)→苯酚(加氢)→环己酮(氧化)→己二酸。

(5) 丁二烯(羰基化)→己二酸(或其酯)。

第一条路线是当前生产己二酸的主要方法,工艺可靠。但环己烷氧化收率较低,环境污染较大,利润率较低。第二条路线是最早的生产己二酸的路线,原子经济性比环己烷氧化法好,工艺可靠性也好。但该条路线是和丙酮联产,因而受丙酮市场的影响。第三条路线是较新的生产己二酸的路线,具有原子经济性好的特点,工艺已经稳定可靠。但由于环己烯水合的温度较高,使环己烯骨架有异构而影响环己酮的质量,进而影响己二酸的质量。第四条路线创新性最好,但收率低,还谈不上工艺。第五条路线可以脱开原料“苯”,但羰基合成的产物在正构和异构上均有一定的比例,从而影响己二酸的质量。

从研究角度讲,任何能降低现有产品生产成本的路线都值得研究,尤其以可替代现有工艺的新方法、新技术最为热门。但从生产角度讲,则应根据实际情况采用技术较成熟的前三条路线之中的一条进行细化研究。

1.1.2 技术与经济相结合的原则

正由于可供选择的研究方案很多,研究者必须根据研究对象的特征,以技术和经济相结合的原则对方案进行筛选和评价,以确定实验研究工作的最佳切入点。

以 CO_2 分离回收技术的开发研究为例。在实验工作之前,由文献查阅得知,可供参考的主要的 CO_2 分离技术如下:

(1) 变压吸附。其技术特征是 CO_2 在固体吸附剂上被加压吸附,减压再生。

(2) 物理吸收。其技术特征是 CO_2 在吸收剂中被加压溶解吸收,减压再生。

（3）化学吸收。其技术特征是 CO_2 在吸收剂中反应吸收，加热再生。使用的吸收剂主要有两大系列：一是有机胺水溶液系列；二是碳酸钾水溶液系列。

究竟应该从哪条技术路线入手呢？这就要结合被分离对象的特征，从技术和经济两方面加以考虑。假设被分离对象是来自于石灰窑尾气中的 CO_2，那么，对象的特征是：气源压力为常压，CO_2 的组成为 20%～35%，其余为 N_2、O_2 和少量硫化物。

据此特征，从经济角度分析，可见变压吸附和物理吸收的方法是不可取的，因为这两种方法都必须对气源加压才能保证 CO_2 的回收率，而气体加压所消耗能量的 60%～80% 被用于非 CO_2 气体的压缩，这部分能量随着吸收后尾气的排放而损耗，其能量损失是相当大的。而化学吸收则无此顾忌，由于化学反应的存在，溶液的吸收能力大，平衡分压低，即使在常压下操作，也能维持足够的传质推动力，确保气体的回收。但是，选择哪一种化学吸收剂更合理，需要认真考虑。如果选用有机胺水溶液，从技术上分析，存在潜在的隐患，因为气源中含氧，有机胺长期与氧接触会氧化降解，使吸收剂性能恶化甚至失效，因此，也不可取。现在，唯一可以考虑的就是采用碳酸钾水溶液吸收 CO_2 的方案。虽然这个方案从技术和经济的角度考虑都可以接受，但并不理想。因为碳酸钾溶液存在着吸收速率慢、再生能耗高的问题。这个问题可以通过添加合适的催化剂来解决。因此，实验研究工作应从筛选化学添加剂、改进碳酸钾溶液的吸收和解吸性能上入手，开发性能更加优良的复合吸收剂。这样，研究者既确定了合理的技术路线，又找到了实验研究的最佳切入点。

1.1.3　分解与简化相结合的原则

反应因素、设备因素和操作因素交织在一起，给实验结果的正确判断造成困难。对这种错综复杂的过程，要认识其内在的本质和规律，必须采用过程分解与系统简化相结合的实验研究方法，即在化学原理、化学工程理论的指导下，将研究对象分解为不同层次，然后，在不同层次上对实验系统进行合理的简化，并借助科学的实验手段逐一开展研究。在这种实验研究方法中，过程的分解是否合理、是否真正地揭示了过程的内在关系，是研究工作成败的关键。因此，过程的分解不能仅凭经验和感觉，必须遵循化学、化工理论的正确指导。

由化学反应工程的理论可知，任何一个实际的工业反应过程，其影响因素均可分解为两类，即化学因素和工程因素。化学因素体现了反应本身的特性，其影响通过本征动力学规律来表达。工程因素体现了实现反应的环境，即反应器的特性，其影响通过各种传递规律来表达。反应本征动力学的规律与传递规律两者是相互独立的。基于这一认识，在研究一个具体的反应过程时，应对整个过程依反应因素和工程因素进行不同层次的分解，在每个层次上抓住其关键问题，通过合理简化，开展有效的实验研究。比如，在研究固定床内的气固相反应过程时，对整个过程可进行两个层次的分解：第一层次是将过程分解为反应和传递两个部分；第二层次是将反应部分进一步分解成本征动力学和宏观动力学，将传递过程进一步分解成传热，传质，流体流动与流体均布等。随着过程的分解，实验工作也被确定为两大类，即热模实验和冷模实验。热模实验用于研究反应的动力学规律；冷模实验用于研究反应器内的传递规律。接下来的工作就是调动实验设备和实验手段来简化实验对象，达到实验目的。

在研究本征动力学的热模实验中，消除传递过程的影响是简化实验对象的关键。为此，设计了等温积分和微分反应器，减小催化剂粒度，消除粒内扩散；提高气体流速，消除粒外扩散与轴向返混；设计合理的反应器直径，辅以精确的控温技术，保证器内温度均匀等措施，使传递过程的干扰不复存在,从而测得准确可靠的动力学模型。

在冷模实验中,实验的目的是考察反应器内的传递规律,以便调动反应器结构设计这个工程手段来满足反应的要求。由于传递规律与反应规律无关,不必采用真实的反应物系和反应条件,因此,可以用廉价的空气、砂石和水来代替真实物系,在比较温和的温度、压力条件下组织实验,使实验得以简化。冷模实验成功的关键是必须确保实验装置与反应器原形的相似性。

过程分解与系统简化相结合是化工过程开发中一种行之有效的实验研究方法。过程的分解源于正确的理论的指导,系统简化依靠科学的实验手段。正是因为这种方法的广泛运用,才形成了化学工程与工艺专业实验的现有框架。

1.1.4　工艺与工程相结合的原则

工艺与工程相结合的开发思想极大地推进了现代化工新技术的发展,反应精馏技术、膜反应器技术、超临界技术、三相床技术等,都是将反应器的工程特性与反应过程的工艺特性有机结合在一起而形成的新技术。因此,如同过程分解可以帮助研究者找到行之有效的实验方法一样,运用工艺与工程相结合的综合思维,也会在实验技术路线和方法的选择上得到有益的启发。

以甲缩醛制备工艺过程的开发为例。从工艺角度分析甲醇和甲醛在酸催化下合成甲缩醛的反应,其主要特征是:① 主反应为可逆放热反应,并伴有串联副反应。② 主产物甲缩醛在系统中相对挥发度最大。特征①表明,为提高反应物甲醛的平衡转化率和产物甲缩醛的收率,抑制串联副反应,工艺上希望及时将反应热和产物甲缩醛从系统中移走。那么,从工程的角度如何来满足工艺的要求呢? 如果我们结合对象的工艺特征②和精馏操作的工程特性,从工艺与工程相结合的角度去考虑,就会发现反应精馏是最佳方案。这是因为它不仅可以利用精馏塔的分离作用不断移走和提纯主产物,提高反应的平衡转化率和产品收率,而且可以利用反应热作为精馏的能源,既降低了精馏的能耗,又带走了反应热,一举两得。同时,精馏还对反应物甲醛具有提浓作用,可降低工艺上对原料甲醛溶液的浓度要求,从而降低原料成本。可见,工艺与工程相结合在技术路线的选择上带来的巨大优越性。

又如乙苯脱氢制苯乙烯过程,工艺研究表明:① 由于主反应是一个分子数增加的气固相催化反应,因此,降低系统的操作压力有利于化学平衡,采取的措施是用水蒸气稀释原料气和负压操作。② 由于产物苯乙烯的扩散系数较小,在催化剂内的扩散比原料乙苯和稀释剂水分子困难得多,所以,减小催化剂粒度可有效地降低粒内苯乙烯的浓度,抑制串联副反应,提高选择性,适宜的催化剂粒度为 0.5~1.0mm。那么,从工程角度分析,应该选用何种反应器来满足工艺要求呢? 如果选用轴向固定床反应器,要满足工艺要求②,势必造成很大的床层阻力降,而工艺要求①希望系统在低压或负压下操作,因此,即使不考虑流动阻力造成的动力消耗,严重的床层阻力也会导致转化率下降。显然,轴向固定床反应器是不理想的。那么,如何解决催化剂粒度与床层阻力的矛盾呢? 如果从工艺与工程相结合的角度去思考,调动反应器结构设计这个工程手段来解决矛盾,显然,径向床反应器是最佳选择。在这种反应器中,物流沿反应器径向流动通过催化床层,由于床层较薄,即使采用细小的催化剂,也不会导致明显的压降,使问题迎刃而解。实际上,解决催化剂粒度与床层阻力的矛盾也正是开发径向床这种新型的气固相反应器的动力。此例说明,工艺与工程相结合不仅会产生新的生产工艺,而且会推进新设备的开发。

工艺与工程相结合是制订化工过程开发的实验研究方案的一个重要方法,从工艺与工程相结合的角度思考问题,有助于开拓思路,创造新技术新方法。

1.1.5　资源利用与环境保护相结合的原则

进入 21 世纪,为使人类社会可持续发展,保护地球的生态平衡,开发资源、节约能源、保护环境将成为国民经济发展的重要课题。尤其对化学工业,如何有效地利用自然资源,避免高污染、高毒性化学品的使用,保护环境,实现清洁生产,是化工新技术、新产品开发中必须认真考虑的问题。

现以近年来颇受化工界关注的有机新产品——碳酸二甲酯生产技术的开发为例,说明资源利用与环境保护在过程开发中的导向作用。碳酸二甲酯是一种高效低毒、用途广泛的有机合成中间体,分子式为 $CH_3OCOOCH_3$,因其含有甲基、羰基和甲酯基三种功能团,能与醇、酚、胺、酯及氨基醇等多种物质进行甲基化、羰基化和甲酯基化反应,生产苯甲醚、酚醚、氨基甲酸酯、碳酸酯等有机产品,以及高级树脂、医药和农药中间体、食品添加剂、染料等材料化工和精细化工产品,是取代目前使用广泛且剧毒的甲基化剂硫酸二甲酯和羰基化剂光气的理想物质,被称为未来有机合成的"新基石"。

到目前为止,已相继开发了多种 DMC 合成方法,其中,有代表性的四种方法是:

1. 光气甲醇法

这是 20 世纪 80 年代工业规模生产 DMC 的主要方法。其反应原理是:

首先由光气和甲醇反应,生成氯甲酸甲酯:

$$ClCOCl + CH_3OH \longrightarrow ClCOOCH_3 + HCl$$

然后,氯甲酸甲酯与甲醇反应,得到 DMC:

$$ClCOOCH_3 + CH_3OH \longrightarrow CH_3OCOOCH_3 + HCl$$

2. 醇钠法

该法以甲醇钠为主要原料,将其与光气或 CO_2 反应生产 DMC。反应原理如下:

与光气反应时,其反应式为:

$$ClCOCl + 2CH_3ONa \longrightarrow CH_3OCOOCH_3 + 2NaCl$$

与 CO_2 反应时,其反应式为:

$$CO_2 + CH_3ONa \xrightarrow{100℃,1h} NaOCOOCH_3$$

$$NaOCOOCH_3 + CH_3Cl \xrightarrow{CH_3OH,150℃,2h} CH_3OCOOCH_3 + NaCl$$

3. 酯交换法

该法是碳酸丙烯酯(PC)或碳酸乙烯酯(EC)在碱催化作用下,与甲醇进行酯交换反应合成 DMC 及副产物丙二醇或乙二醇。其反应原理如下:

以 PC 和甲醇为原料时,反应为:

$$\begin{array}{c} H_3C-HC-O \\ | \qquad\qquad \diagdown \\ \qquad\qquad CO + CH_3OH \longrightarrow CH_3OCOOCH_3 + CH_2OHCHOHCH_3 \\ | \qquad\qquad \diagup \\ H_2C-O \end{array}$$

以 EC 和甲醇为原料时,反应式为:

$$\begin{array}{c} H_2C-O \\ | \qquad\qquad CO + 2CH_3OH \longrightarrow CH_3OCOOCH_3 + CH_2OHCH_2OH \\ H_2C-O \end{array}$$

4．甲醇氧化羰基化法

该法是以甲醇、CO 和氧气为原料,在钯系、硒系、铜系催化剂的作用下,直接合成 DMC。反应式为:

$$4CH_3OH + 2CO + O_2 \xrightarrow{\text{催化剂}} 2CH_3OCOOCH_3 + 2H_2O$$

比较上述四种方法可见,光气甲醇法虽能得到 DMC 产品,但有两个致命的缺点:一是使用了威胁环境和健康的剧毒原料——光气;二是产生了对设备腐蚀严重的盐酸。醇钠法虽解决了盐酸的腐蚀问题,但仍未摆脱光气或氯甲烷对环境的污染,因此,也不可取。显然,要解决污染问题,必须从源头着手,开发新的原料路线,酯交换法和甲醇氧化羰基化法由此应运而生。

酯交换法所用的原料 PC 或 EC 可由大宗石油化工产品环氧丙烷和环氧乙烷与 CO_2 反应制得。这不仅为 DMC 的生产找到一条丰富的原料来源,而且为大宗石化产品的深加工找到一条新的出路。该法反应过程简单易行,对环境无污染,副产物也是有价值的化工产品。其技术关键在产品的分离与精制。虽然该法已工业化,但仍有许多制约经济效益的技术问题值得深入研究。

甲醇氧化羰基化法开发了更加价廉易得的原料——C_1 化工产品,因为甲醇和 CO 可由天然气、煤和石油等多种自然资源转化合成,使 DMC 的原料路线大大拓展,尤其是我国天然气资源丰富,可显著降低 DMC 生产的原料成本。因此,该法是一种很有发展前途的生产方法,也是目前 DMC 生产技术的研究热点。其技术关键之一是催化剂的选择。

由于酯交换法和甲醇氧化羰基化法开辟了新的有吸引力的原料路线,同时解决了污染问题,所以,引起了各国研究者的普遍关注,形成目前 DMC 生产技术的研究热点。世界各大化学公司几乎无一不涉足其间。由此可见资源利用与环境保护意识对技术进步的强大推进作用。

1.2　专业实验设计与实施

1.2.1　实验内容的确定

实验的技术路线与方法确定以后,接下来要考虑实验研究的具体内容。实验内容的确定不能盲目地追求面面俱到,应抓住课题的主要矛盾,有的放矢地开展实验,这样才能在较短的时间内完成需要研究的任务。比如,同样是研究固定床反应器中的流体力学,对轴向床研究的重点是流体返混和阻力问题,而径向床研究的重点则是流体的均布问题。因此,在确定实验内容前,要对研究对象进行认真的分析,以便抓住其要害。实验内容的确定主要包括如下三个环节:

1．实验指标的确定

实验指标是指为达到实验目的而必须通过实验来获取的一些表征实验研究对象特性的参数,如动力学研究中测定的反应速率,工艺实验测取的转化率、收率等。

实验指标的确定必须紧紧围绕实验目的。实验目的不同,研究的着眼点就不同,实验指标也就不一样。比如,同样是研究气液反应,实验目的可能有两种:一种是利用气液反应强化气体吸收。另一种是利用气液反应生产化工产品。前者的着眼点是分离气体,实验指标应确定为气体的平衡分压(表征气体净化度)、气体的溶解度(表征溶液的吸收能力)、传质速率(表征吸收和解吸速率)。后者的着眼点是生产产品,实验指标应确定为液相反应物的转化率(表征反应速度)、产品收率(表征原料的有效利用率)、产品纯度(表征产品质量)。

2. 实验因子的确定

实验因子是指那些可能对实验指标产生影响,必须在实验中进行直接考察和测定的工艺参数或操作条件,常称为自变量,如温度、压力、流量、原料组成、催化剂粒度、搅拌强度等。

确定实验因子必须注意两个问题:第一,实验因子必须具有可检测性,即可采用现有的分析方法或检测仪器直接测得,并具有足够的准确度。第二,实验因子与实验指标应具有明确的相关性。在相关性不明的情况下,应通过简单的预实验加以判断,明确相关性或进一步分解实验因子。

3. 因子水平的确定

因子水平是指各实验因子在实验中所取的具体状态,一个状态代表一个水平。如温度分别取 100℃、200℃,便称温度有二水平。

选取变量水平时,应注意变量水平变化的可行域。所谓可行域,就是指因子水平的变化在工艺、工程及实验技术上所受到的限制。如在气固相反应本征动力学的测定实验中,为消除内扩散阻力,催化剂粒度的选择有个上限。为消除外扩散阻力,操作气速的变化有个下限。温度水平的变化则应限制在催化剂的活性温度范围内,以确保实验在催化剂活性相对稳定期内进行。又如在产品制备的工艺实验中,原料浓度水平的确定应考虑原料的来源及生产前后工序的限制。操作压力的水平则受到工艺要求、生产安全、设备材质强度的限制,从系统优化的角度考虑,压力水平还应尽可能与前后工序的压力保持一致,以减少不必要的能耗。因此,在专业实验中,确定各变量的水平前,应充分考虑实验项目的工业背景及实验本身的技术要求,合理地确定其可行域。

1.2.2　实验计划

根据已确定的实验内容,拟定一个具体的实验安排表,以指导实验的进程,这项工作称为实验设计。应用化学专业实验通常涉及多变量多水平的实验设计,由于不同变量不同水平所构成的实验点在操作可行域中的位置不同,对实验结果的影响程度也不一样。因此,如何安排和组织实验,用最少的实验获取最有价值的实验结果,成为实验设计的核心内容。

伴随着科学研究和实验技术的发展,实验设计方法的研究也经历了由经验向科学的发展过程。其中有代表性的是析因设计法、正交设计法和序贯设计法。现简介如下:

1. 析因设计法

析因法又称网格法,该法的特点是以各因子各水平的全面搭配来组织实验,逐一考察各因子的影响规律。通常采用的实验方法是单因子变更法,即每次实验只改变一个因子的水平,其他因子保持不变,以考察该因子的影响。如在产品制备的工艺实验中,常采取固定原料浓度及配比、搅拌强度或进料速度,考察温度的影响;或固定温度等其他条件,考察浓度影响。据此，要完成所有因子的考察，实验次数 n、因子数 N 和因子水平数 K 之间的关系为：

$$n = K^N$$

一个 4 因子 3 水平的实验，实验次数为 $3^4 = 81$。可见，对多因子多水平的系统，该法的实验工作量非常之大，在对多因子多水平的系统进行工艺条件寻优或动力学测试的实验中应谨慎使用。

2. 正交设计法

正交设计法是为了避免网格法在实验点设计上的盲目性而提出一种比较科学的实验设计方法。它根据正交配置的原则，从各因子各水平的可行域空间中选择最有代表性的搭配来组织实验，综合考察各因子的影响。

正交实验设计所采取的方法是制订一系列规格化的实验安排表供实验者选用，这种表称为正交表。正交表的表示方法为：$L_n(K^N)$，符号意义为：

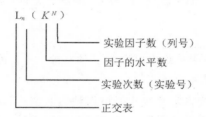

如 $L_8(2^7)$ 表示此表最多可容纳 7 个因子，每个因子有 2 个水平，实验次数为 8。表的形式如表 1-1 所示。表中，列号代表不同的因子，实验号代表第几次实验，列号下面的数字代表该因子的不同水平。由此表可见，用正交表安排实验具有两个特点：

（1）每个因子的各个水平在表中出现的次数相等。即每个因子在其各个水平上都具有相同次数的重复实验。如表中，每列对应的水平"1"与水平"2"均出现 4 次。

（2）每两个因子之间，不同水平的搭配次数相等。即任意两个因子间的水平搭配是均衡的。如表中第 1 列和第 2 列的水平搭配为：（1,1）、（1,2）、（2,1）、（2,2）各 2 次。

表 1-1　正交表 $L_8(2^7)$

实验号 \ 列号	1	2	3	4	5	6	7
1	1	1	1	1	1	1	1
2	1	1	1	2	2	2	2
3	1	2	2	1	1	2	2
4	1	2	2	2	2	1	1
5	2	1	2	1	2	1	2
6	2	1	2	2	1	2	1
7	2	2	1	1	2	2	1
8	2	2	1	2	1	1	2

　　由于正交表的设计有严格的数学理论为依据，从统计学的角度充分考虑了实验点的代表性、因子水平搭配的均衡性，以及实验结果的精度等问题，所以，用正交表安排实验具有实验次数少、数据准确、结果可信度高等优点，在多因子多水平工艺实验的操作条件寻优、反应动力学方程的研究中经常采用。

　　在实验指标、实验因子和因子水平确定后，正交实验设计依如下步骤进行：

　　（1）列出实验条件表，即以表格的形式列出影响实验指标的主要因子及其对应的水平。

　　（2）选用正交表。因子水平一定时，选用正交表应从实验的精度要求、实验工作量及实验数据处理三方面加以考虑。

　　一般的选表原则是：

$$\text{正交表的自由度} \geqslant (\text{各因子自由度之和} + \text{因子交互作用自由度之和})$$

式中：正交表的自由度＝实验次数－1；

　　　　因子自由度＝因子水平数－1；

　　　　交互作用自由度＝A因子自由度×B因子自由度。

　　（3）设计表头，将各因子正确地安排到正交表的相应列中。安排因子的秩序是，先排定有交互作用的单因子列，再排两者的交互作用列，最后排独立因子列。交互作用列的位置可根据两个作用因子本身所在的列数，由同水平的交互作用表查得，交互作用所占的列数等于单因子水平数减 1。

　　（4）制订实验安排表。根据正交表的安排将各因子的相应水平填入表中，形成一个具体的实施计划表。交互作用列和空白列不列入实验安排表，仅供数据处理和结果分析用。

　　3. 序贯实验设计法

　　序贯法是一种更加科学的实验方法。它将最优化的设计思想融入实验设计之中，采取边设计、边实施、边总结、边调整的循环运作模式。根据前期实验提供的信息，通过数据处理和寻优，搜索出最灵敏、最可靠、最有价值的实验点作为后续实验的内容，周而复始，直至得到最理想的结果。这种方法既考虑了实验点因子水平组合的代表性，又考虑了实验点的最佳位置，使实验始终在效率最高的状态下运行，实验结果的精度提高，研究周期缩短。在化工过程开发的实验研究中，此法尤其适用于模型鉴别与参数估计类实验。

1.2.3　实验方案的实施

　　实验方案的实施主要包括：实验设备的设计与选用；实验流程的组织与实施；实验装置的安装与调试；实验数据的采集与测定。实施工作通常分两步进行：首先，根据实验的内容和要求，设计、选用和制作实验所需的主体设备及辅助设备。然后，围绕主体设备构想和组织实验流程，解决原料的配置、净化、计量和输送问题，以及产物的采样、收集、分析和后处理问题。

　　1. 原料系统的配置

　　原料供给系统的配置包括原料制备、净化、计量和输送方法的确定，以及原料加料方式的选择。

　　任何原料都有一定的纯度。对于不同的反应、不同的催化剂等等因素，对原料有不同的要求。在试验前应充分考虑原料纯度对实验可能的影响，必要时设置前处理装置进行净化。

　　在反应器的操作中，加料方式常用来满足两方面的要求：其一，反应选择性的要求，即通过加料方式调节反应器内反应物的浓度，抑制副反应。其二，操作控制的要求，即通过加料量来控制反应速度,以缓解操作控制上的困难。如对强放热的快反应,为了抑制放热强度,使温度得以控制,常采用分批加料的方法控制反应速度。

2. 产品的收集与分析

(1) 产物的收集

产物的正确收集与处理不仅是为了分析的需要,也是实验室安全与环保的要求。在实验室中,气体产品的收集和处理一般采用冷凝、吸收或直接排放的方法。对常温下可以液化的气体采用冷凝法收集,如由 CO、CO_2 和 H_2 合成的甲醇,乙苯脱氢制取的苯乙烯,以及各种精馏产品。对不凝性气体则采用吸收或吸附的方法收集,如用水吸收 HCl、NH_3 等气体,用碱液吸收或 NaOH 固体吸附的方法固定 CO_2、H_2S、SO_2 等酸性气体等。对固体产品一般通过固液分离、干燥等方法收集。实验室常用的固液分离方法,一是过滤,即用布式漏斗或玻璃砂芯漏斗真空抽滤,或用小型板框压滤。二是高速离心沉降。具体选用哪种方法应根据情况而定。若溶剂极易挥发,晶体又比较细小,应采用压滤。若晶体极细且易粘结,过滤十分困难,可采用高速离心沉降。

(2) 产品的采样分析

产品的采样分析应注意三个问题:一是采样点的代表性;二是采样方法的准确性;三是采样对系统的干扰性。

对连续操作的系统应正确选择采样位置,使之最具代表性。对间歇操作的系统应合理分配采样时间,在反应结果变化大的区域,采样应密集一些,在反应平缓区可稀疏一些。

在实验中,对采样方法应予以足够的重视。尤其对气体和易挥发的液体产品,采样时应设法防止其逃逸。对气体样品通常采用吸收或吸附的方法进行固定,然后进行化学分析。色谱分析时,一般直接在线采样或橡皮球采样。对固体样品应预先干燥并充分混合均匀后再采样。

由于实验装置通常较小,可容纳的物料十分有限,所以,分析用的采样量对系统的干扰不可忽视。尤其对间歇操作的系统,采样不当,不仅会影响系统的稳定,有时还会导致实验的失败。比如,在密闭系统进行气液平衡数据的测定时,气相采样不当,会对器内压力产生明显的干扰,破坏系统的平衡。

1.3　实验安全

化工产业是公认的最具危险性行业之一。在世界范围内,每年由化学品事故造成的直接损失、间接损失、间接影响难以计算。化学、化工实验过程中也常有事故发生。在化学实验和化工专业课程的学习过程中,充分认识实验过程中的安全性十分重要。

1.3.1　"4M"要素理论

博德(Frank Bird)的管理失误连锁理论是海因里希(Heinrich)的事故因果连锁理论的改进研究,关于事故原因,他提出了"4M"要素理论,各要素之间的影响关系见图1-2。

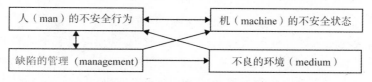

图1-2　"4M"要素相互作用关系

　　人的不安全行为和机的不安全状态是事故的两个最直接因素；生产、实验环境的不良，会影响人的行为和对机械设备产生不良的作用，是构成事故的重要因素；管理的缺陷是事故发生的间接的但是最重要的因素，是根本的因素，因为管理对人、机、境都会产生作用和影响。博德强调了人及管理在消除和控制事故中起根本作用。

1.3.2　事故预防的 3E 原则

　　事故预防的 3E 原则，即：工程技术（engineering），是指利用工程技术手段消除不安全因素，实现生产工艺、机械设备等生产条件的安全；教育（education），是指利用各种形式的教育和训练，使职工树立"安全第一"的思想，掌握安全生产所必需的知识和技能；强制（enforcement），是指借助于规章制度、法规等必要的行政乃至法律的手段约束人们的行为。

　　应通过预习提高学生的安全意识，使其理解实验室建立各项规章制度的目的和原则，自觉遵守实验室的各项规章制度。并对事故预防的工程技术（engineering）内容进行分析。

1.3.3　预习分析内容

　　"某实验"事故预防分析包括以下三方面的内容：

　　1. 化学物质危险性

　　化工生产危险性的一个主要原因是生产过程中使用的原料、半成品和成品种类繁多，绝大部分是易燃、易爆、有毒害、有腐蚀的化学危险品。预习要求根据具体的实验，对化学物质的危险性进行识别鉴别。

　　所谓危险物质，是指具有着火、爆炸或中毒危险的物质。其主要的危险物质由政府的法令所规定。这些法令虽不是针对教育或研究机关的使用而制定的，但是，贮藏或使用这些危险物质，都要遵守有关法令的规定，所以也必须对它们有所了解。兹将主要的法令与危险物质的关系列于表 1-2。

表 1-2　危险物质分类简表

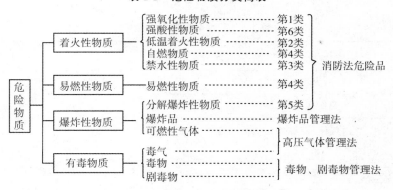

　　注：除了这些法令之外，还有与公害有关的法令（如防止大气污染法、防止水质污染法、防止海洋污染法、下水道管理法、关于废弃物的处理及清扫的法令）及劳动安全卫生法、农药管理法、药物管理法、食品卫生法等有关法令。

　　开展实验前，一般应注意的事项有：

　　（1）若不事先充分了解所使用物质的性状，特别是着火、爆炸及中毒的危险性，不得使用危险物质。

（2）通常，危险物质要避免阳光照射，把它们贮藏于阴凉的地方。注意不要混入异物，并且必须与火源或热源隔开。

（3）贮藏大量危险物质时，必须按照有关法令的规定，分类保存于危险品仓库内。并且，毒物及剧毒物在使用时需放于专用药品架上保管。

（4）使用危险物质时，要尽可能少量使用。并且，对不了解的物质，必须进行预备试验。

（5）在使用危险物质之前，必须预先考虑到发生灾害事故时的防护手段，并做好周密的准备。对有火灾或爆炸危险的实验，要准备好防护面具、耐热防护衣及灭火器材等；而有中毒危险时，则要准备橡皮手套、防毒面具及防毒衣之类用具（灭火器及防护用具，请参阅附录）。

（6）处理有毒药品及含有毒物的废弃物时，必须避免污染水质和大气。

（7）特别是当危险药品丢失或被盗时，由于有发生事故的危险，必须及时报告导师。

2．化工生产工艺过程安全

包括工艺参数的安全控制、典型化学反应及单元操作的安全技术。化工生产过程是通过有控的化学反应生成新的物质或改变原物质的物理化学性质的过程。首先，一方面反应介质，包括反应物质、产物、中间产品和副产品多是危险化学物质；另一方面，为了能够得到高产率、高选择性的目标产物，化工工艺生产条件要求往往比较苛刻，比如高温高压、低温和高真空度、易燃易爆气体处于临界状态等反应条件。因此，实验中如何控制工艺参数方法就显得非常重要。其次，化工生产过程除了化学反应外，物料更长时间是处在物料输送、净化（蒸馏、吸收、萃取、干燥等）等单元操作阶段，单元操作的安全进行是化工生产安全进行的保障。

3．仪器、设备安全问题

实验室中对于具有危险的装置，如果操作错误，那么可以说全部装置均为危险装置。特别是那些可能会引起大事故的装置，使用时必须具备充分的知识，并细心地进行操作。实验装置的潜在危险如表 1-3 所示。

表 1-3　实验装置的潜在危险

装置类型	事故种类	装置事例
电气装置	触电、火灾、爆炸等	电炉、烘箱等
机械装置	机械伤害等	
高压装置	由气体、液体的压力而引起的伤害，继而发生的火灾、爆炸等	高压釜、各种高压气瓶等
高温、低温装置	烫伤、烧伤，以及火灾、爆炸等	电炉、冷冻装置等
高能装置	发生触电、烧伤、眼睛失明以及放射性伤害	激光、X 射线装置等
玻璃仪器	割伤、烧伤	

对实验所使用的装置进行分析，并做到：

（1）使用的能量越高，其装置的危险性就越大。使用高温、高压、高压电、高速度及高负荷之类装置时，必须做好充分的防护措施，谨慎地进行操作。

（2）对不了解其性能的装置，使用时要认真进行仔细的准备，尽可能逐个核对装置的各个部分。并且,在使用前必须经过导师检查。

(3) 要求熟练地进行操作的装置,应在掌握其基本操作之后,才能进行操作。随随便便的进行操作,容易引起大事故。

(4) 装置使用后要收拾妥善。如果发现有不妥当的地方,必须马上进行修理,或者把情况告知下次的使用者。

1.3.4　提出预案

通过危险物质、工艺过程及实验设备分析,总结可能出现的危险因素,提出防范的措施和应急预案。

1.3.5　实验室事故处理办法

1. 眼睛的急救

一旦化学试剂溅入眼内,立即用缓慢的流水彻底冲洗。洗涤后把病人送往医院治疗。玻璃屑进入眼睛,绝不要用手揉擦,尽量不要转动眼球,可任其流泪。也不要试图让别人取出碎屑,用纱布轻轻包住眼睛后,把伤者送往医院处理。

2. 烧伤的急救

如系化学烧伤,则必须用大量的水充分冲洗患处。如系有机化合物灼伤,则用乙醇擦去有机物是特别有效的。溴的灼伤要用乙醇擦至患处不再有黄色为止,然后涂上甘油以保持皮肤滋润。

酸灼伤,先用大量水冲洗,以免深部受伤,再用稀 $NaHCO_3$ 溶液或稀氨水浸洗,最后用水洗。碱灼伤,先用大量水冲洗,再用 1% 硼酸或 2% 醋酸溶液浸洗,最后用水洗。

明火烧伤,要立即离开着火处,迅速用冷水冷却。轻度的火烧伤,用冰水冲洗是一种极有效的急救方法。如果皮肤并未破裂,那么可再涂擦治疗烧伤用药物,使患处及早恢复。当大面积的皮肤表面受到伤害时,可以用湿毛巾冷却,然后用洁净纱布覆盖伤处防止感染,同时立即送医院请医生处理。

如果着火,那么要及时灭火。万一衣服着火,切勿奔跑,要有目的地走向最近的灭火毯或灭火喷淋器。用灭火毯把身体包住,火会很快熄灭。

3. 割伤的急救

不正确地处理玻璃管、玻璃棒则可能引起割伤。若小规模割伤,则先将伤口处的碎玻璃片取出,用水洗净伤口,挤出一点血后,再消毒、包扎;也可在洗净的伤口,贴上"创可贴",立即止血且易愈合。

若严重割伤,出血多时,则必须立即用手指压住或把相应动脉扎住,使血尽快止住,包上压定布,而不能用脱脂棉。若绷带被血浸透,不要换掉,再盖上一块施压,立即送医院治疗。

4. 烫伤的急救

被火焰、蒸汽、红热的玻璃或铁器等烫伤,立即将伤处用大量的水冲淋或浸泡,以迅速降温避免深部烧伤。若起水泡,不宜挑破。对轻微烫伤,可在伤处涂烫伤油膏或万花油。严重烫伤宜送医院治疗。

5. 中毒的急救

当发生急性中毒,紧急处理十分重要。若在实验中感到咽喉灼痛、嘴唇脱色或发绀、胃部痉挛或恶心呕吐、心悸、头晕等症状时,则可能是中毒所致。

因口服引起的中毒时,可饮温热的食盐水(1 杯水中放 3~4 小勺食盐),把手指放在嘴中触及咽后部,引发呕吐。当中毒者失去知觉或因溶剂、酸、碱及重金属盐溶液引起中毒时,不要使其呕吐;误食碱者,先饮大量水再喝些牛奶;误食酸者,先喝水,然后服 $Mg(OH)_2$ 乳剂,再饮些牛奶,不要用催吐剂,也不要服用碳酸盐或碳酸氢盐;重金属盐中毒者,喝一杯含有几克 $MgSO_4$ 的水溶液,立即就医,也不得用催吐剂。

因吸入引起中毒时,要把病人立即抬到空气新鲜的地方,让其安静地躺着休息。

6. 腐蚀的急救

身体的一部分被腐蚀时,应立即用大量的水冲洗。被碱腐蚀时,再用 1% 的醋酸水溶液洗。被酸腐蚀时,再用 1% 的碳酸氢钠水溶液洗。另外,应及时脱下被化学药品玷污的衣服。

1.4　实验报告与科技论文的撰写

1.4.1　实验记录

每个学生都必须准备一本实验记录本,并编上页码,不能用活页本或零星纸张代替。不准撕下记录本的任何一页。如果写错了,可以用笔勾掉,但不得涂抹或用橡皮擦掉。文字要简练明确,书写整齐,字迹清楚。写好实验记录是从事科学实验的一项重要训练。

在实验过程中,实验者必须养成一边进行实验一边直接在记录本上做记录的习惯,不允许事后凭记忆补写,或以零星纸条暂记再转抄。记录的内容包括实验的全部过程,如加入药品的数量,仪器装置,每一步操作的时间、内容和所观察到的现象(包括温度、颜色、体积或质量的数据等)。记录要求实事求是,准确反映真实的情况,特别是当观察到的现象和预期的不同,以及操作步骤与教材规定的不一致时,要按照实际情况记录清楚,以便作为总结讨论的依据。

其他各项,如实验过程中一些准备工作、现象解释、称量数据,以及其他备忘事项,可以记在备注栏内。

应该牢记,实验记录是原始资料,科研工作者必须重视。

1.4.2　实验报告的撰写

实验研究的目的,是期望通过实验数据获得可靠的、有价值的实验结果。而实验结果是否可靠,是否准确,是否真实地反映了对象的本质,不能只凭经验和主观臆断,必须应用科学的、有理论依据的数学方法加以分析、归纳和评价。因此,掌握和应用误差理论,统计理论和科学的数据处理方法是十分必要的。关于数据处理中的一些方法、规律请参考相关书籍。

1. 实验报告的特点

(1)原始性。实验报告记录和表达的实验数据一般比较原始,数据处理的结果通常用图或表的形式表示,比较直观。

(2)纪实性。实验报告的内容侧重于实验过程、操作方式、分析方法、实验现象、实验结果的详尽描述,一般不做深入的理论分析。

(3)试验性。实验报告不强求内容的"成绩",即使实验未能达到预期效果,甚至失败,也可以撰写实验报告,但必须客观真实。

2．实验报告的写作格式

（1）标题。实验名称。

（2）作者及单位。署明作者的真实姓名和单位。

（3）摘要。以简洁的文字说明报告的核心内容。

（4）前言。概述实验的目的、原理、内容、要求和依据。

（5）正文。主要内容包括以下几方面：

① 叙述实验原理和方法，说明实验所依据的基本原理以及实验方案及装置设计的原则。

② 描述实验流程与设备，说明实验所用设备、器材的名称和数量，图示实验装置及流程。

③ 详述实验步骤和操作、分析方法，指明操作、分析的要点。

④ 记录实验数据与实验现象，列出原始数据表。

⑤ 数据处理，通过计算和整理，将实验结果以列表、图示或照片等形式反映出来。

⑥ 结果讨论，从理论上对实验结果和实验现象作出合理的解释，说明自己的观点和见解。

（6）参考文献。注明报告中引用的文献出处。

1.4.3　科技论文的撰写

科技论文是以新理论、新技术、新设备、新发现为对象，通过判断、推理、论证等逻辑思维方法和分析、测定、验证等实验手段来表达科学研究中发明和发现的文章。

1．科技论文的特点

（1）科学性。内容上客观真实，观点正确，论据充分，方法可靠，数据准确。表达方式上用词准确，结构严谨，语言规范，符合思维规律。

（2）学术性。注重对研究对象进行合理的简化和抽象，对实验结果进行概括和论证，总结归纳出可推广应用的规律，而不局限于对过程和结果的简单描述。

（3）创造性。研究成果必须有新意，能够表达新的发现、发明和创造，或提出理论上的新见解，以及对现有技术进行创造性的改进，不可重复、模仿或抄袭他人之作。

2．科技论文的写作格式

（1）论文题目。题目应体现论文的主题，题名的用词要注意以下问题：

① 有助于选定关键词，提供检索信息。

② 避免使用缩略词、代号或公式。

③ 题名不宜过长，一般不超过 20 个字。

（2）作者姓名、单位或联系地址。署明作者的真实姓名与单位。

（3）论文摘要。摘要是论文主要内容的简短陈述。应说明研究的对象、目的和方法，研究得到的结果、结论和应用范围。重点要表达论文的创新点及相关的结果和结论。

摘要应具有独立性和自含性，即使不读原文，也能据此获得与论文等同量的主要信息，可供文摘等二次文献直接选用。中文摘要一般 200～300 个字，为便于国际交流，应附有相应的外文摘要（约 250 个实词）。摘要中不应出现图表、化学结构式及非共用符号和术语。

（4）关键词。指为便于文献检索而从论文中选出的、用于表达论文主题内容和信息的单词、术语。每篇论文一般可选 3～8 个关键词。

（5）引言（前言、概述）。其写作内容包括研究的理由、目的、背景，前人的工作和知识空白，理论依据和实验基础，预期的结果及其在相关领域里的地位、作用和意义。

（6）理论部分。说明课题的理论及实验依据，提出研究的设想和方法，建立合理的数学模型，进行科学的实验设计。

（7）实验部分。主要内容包括以下几个方面：

① 实验设备及流程。首先说明实验所用设备、装置及主要仪器仪表的名称、型号，对自行设计的非标设备须简要说明其设计原理与依据，并对其测试精度做出检验和标定。然后，简述实验流程。

② 实验材料及操作步骤。说明实验所用原料的名称、来源、规格及产地；简述实验操作步骤，对影响实验精度、操作稳定性和安全性的重要步骤应详细说明。

③ 实验方法。说明实验的设计思想、运作方案、分析方法及数据处理方法。对体现创新思想的内容和方法要叙述清楚。

（8）结果及讨论。主要内容包括以下几个方面：

① 整理实验结果。将观察到的实验现象、测定的实验数据和分析数据以适当的形式表达出来，如列表、图示、照片等，并尽可能选用合适的数学模型对数据进行关联。将准确可靠、有代表性的数据整理表达出来，为实验结果的讨论提供依据。

② 结果讨论。对实验现象及结果进行分析论证，提出自己的观点与见解，总结出具有创新意义的结论。

（9）结论。即言简意赅地表达实验结果说明了什么问题，得出了什么规律，解决了什么理论或实际问题，对前人的研究成果做了哪些修改、补充、发展、论证或否定，还有哪些有待解决的问题。

（10）符号说明。按英文字母的循序将文中所涉及的各种符号的意义、计量单位注明。

（11）参考文献。根据论文引用的参考文献编号，详细注明文献的作者及出处。这一方面体现了对他人著作权的尊重，另一方面有助于读者查阅文献全文。

【参考文献】

［1］乐清华. 化学工程与工艺专业实验［M］. 北京：化学工业出版社，2008.

［2］王国清. 化学实验安全手册［M］. 北京：人民卫生出版社，2012.

第2章

分析专业实验

实验 1 ICP-AES 测定水样中的微量 Cu 和 Fe

A 实验目的

（1）掌握 ICP-AES 的工作原理和操作技术。

（2）了解 ICP-AES 的基本应用。

B 实验原理

通过测量物质的激发态原子发射光谱线的波长和强度进行定性和定量分析的方法叫发射光谱分析法。根据发射光谱所在的光谱区域和激发方法不同，发射光谱法有许多技术。用等离子体炬作为激发源，使被测物质原子化并激发气态原子或离子的外层电子，从而发射特征电磁辐射，利用光谱技术记录后进行分析的方法叫电感耦合等离子原子发射光谱分析法（ICP-AES）。ICP 光源具有环形通道、高温、惰性气氛等特点。因此，ICP-AES 具有检出限低（$10^{-11} \sim 10^{-9}\,\mathrm{g/L}$）、稳定性好、精密度高（0.5%～2%）、线性范围宽、自吸效应和基体效应小等优点，可用于高、中、低含量的 73 个元素的同时测定。

原子发射光谱仪工作流程如图 2-1 所示。

图 2-1 原子发射光谱仪工作流程图

载气携带由雾化器生成的试样气溶胶从进样管进入等离子体炬中央，从而被激发，发射光信号先后经过单色器分光、光电倍增管或其他固体检测器，将信号转变为电流进行测定。此电流与分析物的浓度之间具有一定的线性关系，使用标准溶液制作工作曲线可以对某未知试样进行定量分析。

C 预习与思考

（1）ICP 的工作原理是什么？

（2）光谱定性分析的具体过程是什么？

（3）掌握光谱定量分析的线性基础，学会应用定量方法。

（4）了解实验目的，明确实验步骤，制订实验计划。

（5）设计原始数据记录表。

D　实验装置与流程

电感耦合等离子体发射光谱仪结构示意图如图 2-2 所示。

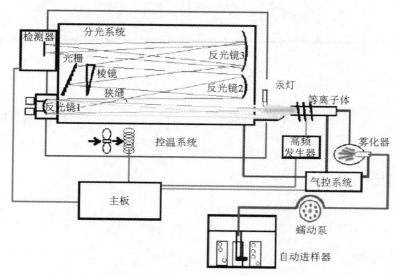

图 2-2　ICP-AES 结构示意图

E　实验步骤与方法

（1）ICP-AES 测定条件

工作气体：氩气；冷却气流量：14L/min；载气流量：1.0L/min；辅助气流量：0.5L/min；雾化器压强：207.3kPa。分析波长：Cu 为 324.754nm；Fe 为 234.350nm。

（2）标准溶液的配制

标准溶液：分别取 1mg/mL Cu^{2+}、Fe^{3+} 标准溶液配制成浓度为 0.010、0.030、0.100、0.300、1.00、3.00、10.00、30.00、100.00μg/mL 的混合标准系列溶液。

空白溶液：配制 5%(V/V)硝酸溶液。

（3）在教师的指导下，按照 ICP-AES 仪器的操作要求开启仪器。

（4）分别测定标准溶液和样品溶液发射信号强度。

（5）精密度：选择一定浓度的 Cu、Fe 溶液，重复测定 10 次，计算 ICP-AES 方法测定 Cu、Fe 的精密度。

（6）检出限：重复 10 次测定空白溶液，计算相对于 Cu、Fe 的检出限。

F　实验数据处理

（1）标准工作曲线和样品分析：应用 ICP 软件，制作 Cu^{2+}、Fe^{3+} 标准工作曲线，并计算试样溶液和空白中 Cu、Fe 的浓度。扣除空白值，计算原试样中 Cu、Fe 的含量。

（2）线性范围：根据标准工作曲线，进行线性拟合。线性范围上限为较线性拟合曲线计算值下降 10% 的浓度；线性范围下限可以视为相当于 5 倍检出限的浓度。

（3）精密度：重复 10 次测定一低浓度 Cu、Fe 标液，计算 RSD。

（4）检出限：检出限通常与可区别背景信号（噪声）的最小信号相关，IUPAC 的一种定义为对应于 $3 \times S_b$ 的浓度，S_b 为背景信号的标准偏差。

$$检出限 = 3 \times S'_b / S$$

式中：S 为工作曲线的斜率；

S'_b 为空白溶液重复 10 次测定结果。

G 结果与讨论

（1）讨论实验室恒温恒湿的必要性。

（2）讨论实验用水为什么用超纯水。

（3）讨论标准溶液工作曲线相关系数应大于 0.999 的意义。

（4）讨论定量分析的思路与过程。

（5）分析实验误差的来源。

（6）提出关于如何减少实验误差，提高测试准确度的意见。

【参考文献】

［1］武汉大学化学系编. 仪器分析［M］. 北京：高等教育出版社，2001.

［2］林群. ICP-AES 法同时测定水中锰、铁、铜、锌、银、镉、铅、铝的含量［J］. 福建分析测试研究简报，2003，12(3)：1800 - 1802.

实验 2 未知混合物成分的气相色谱-质谱联用法测定

A 实验目的

（1）了解质谱检测器的基本组成及功能原理。

（2）了解色谱工作站的基本功能，掌握利用气相色谱-质谱联用仪进行定性分析的基本操作。

B 实验原理

气质联用仪是指将气相色谱仪和质谱仪联机使用，这是气相色谱性能的扩展，而质谱仪则可以看作是气相色谱仪的一个检测器。其工作原理是将气态化的物质分子裂解成离子，然后使离子按质量的大小分离，经检测和记录系统得到离子的质荷比和相对强度的谱图（质谱图）。质谱图提供了有关物质的相对分子质量、元素组成及分子结构的重要信息，从而鉴定物质的分子结构。质谱法的特点是分析快速、灵敏、分辨率高、样品用量少且分析对象范围广（气体、液体、固体的有机样品均可分析）。

C　预习与思考

（1）气相色谱与气质联用的异同。

（2）气相与气质定性方法的区别。

（3）质谱检测器的特点。

D　实验装置与流程

实验所用装置为气相色谱-质谱联用仪,原理如图 2-3 所示。气质联用仪主要由进样系统、离子源、质量分析器、检测器、真空系统和计算机等组成。当样品从进样口注入并汽化后通过色谱柱分离,再经过电离装置把样品电离为离子,用质量分析装置把不同质荷比的离子分开,经检测器检测之后可以得到样品的质谱图。

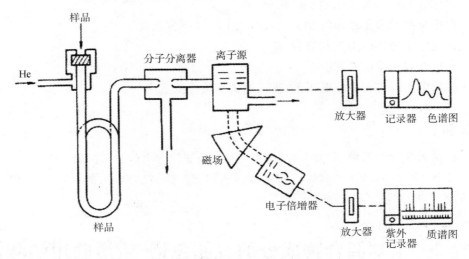

图 2-3　气相色谱-质谱联用仪原理图

E　实验步骤与方法（包括分析方法）

1. 开机

（1）打开氦气钢瓶总阀,调节减压阀使压强指示为 0.4MPa。

（2）打开电脑并进入 Windows 界面,打开 GC 开关并使仪器完成自检,再打开 MSD 开关。

（3）点击电脑桌面上的"Instrument"图标,进入工作站,在听到"嘟"的一声后,仪器和电脑连接成功。MSD 将自动进入抽真空、离子源及四极杆升温的程序。

2. 方法编辑

（1）在 Instrument 窗口栏中,从 Method 菜单中选取 Edit Entire Method,进入方法编辑步骤。

（2）在工作站的提示下,设定好以下参数:进样口温度、进样模式、分流比、柱温、载气流速及其他一些相关参数。

（3）设定完毕后,将编辑的分析方法命名并保存。

3．数据采集

（1）从 Instrument Control 视图中，单击绿色图标，编辑待测样品文件名、样品名等相关信息。

（2）单击 Start Run，如采用自动进样方式会退出此面板并开始采集，如采用手动进样方式，需按提示先在 GC 面板按预运行键，然后进样，在 GC 面板上按 Start 键。

4．数据分析

（1）点击电脑桌面的"Data Analysis"图标，进入数据处理系统。

（2）选择 File/Load Data File，在目录下查找并调出所需文件。

（3）将鼠标移至所要分析的色谱峰，双击鼠标右键，得到该色谱峰的质谱图，系统将自动给出该色谱峰可能对应的化合物的结构式等信息。

（4）在 Data Analysis 窗口的栏中，选取 Method/Edit Method 进入积分参数的编辑步骤。选取 Chromatogram/Integration Results 察看积分结果。

5．关机

（1）将仪器的进样口及柱箱的温度降至室温。

（2）在 Instrument Control 界面中选取 View/Tune and Vaccum Control。

（3）在 Tune 界面选取 Vaccum/Vent，仪器进入放空状态。

（4）放空完成后关闭工作站及电脑，然后关闭 GC、MSD，最后关闭氦气钢瓶。

F　实验数据处理

将分析结果归纳汇总后填入表 2-1。

表 2-1　实验数据记录表

序号	保留时间	相对分子质量	化合物名称	备注
1				
2				
3				
4				

G　结果与讨论

（1）对本实验所用试样，另外设计一个分析方案，并与气质联用比较，说明后者的优点。

（2）分析试样的出峰顺序。

H　主要符号说明

GC-MS——气相色谱-质谱联用仪。

【参考文献】

［1］汪正范.色谱联用技术（第 2 版）[M].北京：化学工业出版社，2007.

［2］程归存，等.有机波谱解析[M].北京：海洋出版社，1993.

实验 3 未知化合物结构的核磁共振波谱法测定

A 实验目的

(1) 了解核磁共振的基本原理、傅里叶脉冲核磁共振谱仪的基本结构。

(2) 学习核磁共振波谱样品的制备、测定方法与步骤。

(3) 掌握核磁共振 H 谱和 C 谱的解析。

B 实验原理

中子数和质子数均为偶数的原子核,如 ^{12}C、^{16}O、^{32}S 等,其自旋量子数 $I=0$,是没有自旋运动的;而中子数和质子数中一种为奇数,另一种为偶数或两者均为奇数的原子核,其自旋量子数 $I \neq 0$,具有自旋运动。后者中 $I=1/2$ 的原子核,如 ^{1}H、^{13}C、^{15}N、^{19}F、^{31}P 等,由于其电荷是均匀分布于原子核表面,检测到的核磁共振谱峰较窄,是核磁共振研究得最多的原子核。I 为其他整数或半整数的原子核,由于其电荷在原子核表面的分布是不均匀的,具有电四极矩,形成了特殊的弛豫机制,使谱峰加宽,给核磁共振的检测增加了难度。

作为一个带电荷的粒子,原子核的自旋运动会产生一个磁矩 μ,它与原子核的自旋角动量 P 呈正比:

$$\mu = \gamma P$$

式中:γ 为旋磁比(gyromagnetic ratio),它是一个只与原子核种类有关的常数。当有自旋运动的原子核处于磁力线为 Z 轴方向、磁场强度为 B_0 的静磁场中时,按照量子力学原理,其自旋角动量 P 的取值是量子化的,取值的个数是由原子核的磁量子数 m 决定的,$m=I$,$I-1,\cdots,-I$。对 $I=1/2$ 的核而言,$m=1/2,-1/2$,可以认为原子核在静磁场中裂分成能量不同的两个能级;而 $I=1$ 的原子核,$m=1,0,-1$,可以认为原子核在静磁场中裂分成能量不同的三个能级。不同能级之间的能量差为:$\Delta E = -\gamma \Delta m \hbar B_0 \left(\hbar = \dfrac{h}{2\pi} \right)$。根据量子力学的规律,能级间的跃迁只有当 $\Delta m = \pm 1$ 时,才是允许的,因此产生跃迁的能级间的能量差为:$\Delta E = \gamma \hbar B_0$。由 $\Delta E = h\nu$ 可知,如用一满足该条件的特定频率电磁波照射原子核时,原子核就会吸收能量,从低能级跃迁至高能级,产生共振:

$$h\nu = \frac{\gamma h B_0}{2\pi} \qquad \omega = \gamma B_0$$

这就是核磁共振信号产生的基本条件。

由 $\omega = \gamma B_0$ 可知:在磁场强度(B_0)一定的磁场中,不同的原子核由于它们的 γ 值不同,产生共振的频率也不同,如在 11.744T 的磁场中,^{1}H、^{13}C、^{31}P、^{19}F 的共振频率分别为 500、125.72、202.4 和 470.38MHz,而同样是 ^{1}H 核,在 11.744、9.395、7.046T 的磁场中,其共振频率分别为 500、400 和 300MHz。通常我们称谓多少兆的核磁仪器,就是指 ^{1}H 核在该仪器磁场强度下的共振频率。

在没有外磁场时,原子核中质子的取向是随机和混乱的,但当处于外磁场 B_0 中则只有两种取向，一种与外磁场相同（能量较低，较稳定状态），或相反（能量较高，较不稳定状态）。当外加的电磁波的能量与核自旋能级的能量差相等时（$E_{射} = h\nu_{射} = \Delta E$），处于低能态的自旋核吸收一定频率的电磁波跃迁到高能态，发生核磁共振，如图 2-4 所示，这时会产生一个共振吸收峰，记录下来即为核磁共振谱。

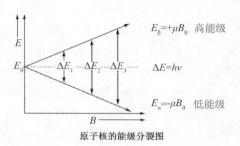

图 2-4　原子核的能级分裂图

实际过程中，由于各原子所处化学环境不同，作用在核磁矩（主要研究的常常是质子的磁矩）上的磁场，除了外磁场 $H = B_0$ 外，还有核外周围电子产生的磁场。于是，在同样的外部条件下，位于不同分子中的核，或在同一分子中但位于不同化学基团的核，其共振频率都与计算出的理论值有不同程度的微小偏移。即由于所处化学环境不同，产生不同的化学位移。核磁共振谱可以得到分子结构的某些信息，例如核外电子云的分布等，由此可以测定纯化合物结构、纯度及混合物含量等。

C　预习与思考

（1）产生核磁共振的条件是什么？

（2）影响化学位移的因素有哪些？

（3）什么是自旋耦合与自旋裂分？

（4）了解实验目的，明确实验步骤，制订实验计划。

D　实验装置与流程

核磁共振波谱仪主要由磁体、探头、谱仪和计算机构成。核磁共振波谱仪内部结构如图 2-5 所示，将样品管放在磁铁的两极之间，用恒定频率的无线电波照射样品。当磁场强度达到一定的 B_0 值时，样品中某一类型的质子发生能级跃迁，产生吸收，接受器收到信号，由记录器记录下来，得到核磁共振谱图。

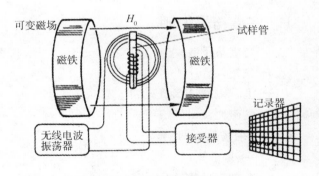

图 2-5　核磁共振波谱仪内部示意图

E　实验步骤与方法（包括分析方法）

（1）样品溶液的配制：配制浓度约为 0.01mol/L 的乙基苯的氘代氯仿溶液，并装入核磁样品管。

（2）将转子小心插入核磁样品管，再通过规尺调整好样品管的高度。

（3）放样：按 BSMS 面板上的 lift 键，等听到气流后，把插有转子并量好高度的样品管小心插入磁体中，再按 lift 键搁入样品。

（4）输 new 命令新建实验，并选择测试 [1] H NMR。

（5）输 lock 命令选择实验所用的 CDCl₃ 溶剂进行自动锁场。

（6）输 atma 命令进行探头调谐。

（7）输 topshim 命令进行自动匀场。

（8）输 ased 命令调采样参数。

（9）输 getprosol 命令进行采样参数设置。

（10）输 rga 命令进行增益。

（11）输 zgefp 命令进行采样。

（12）相位校正：apk 自动相位调整，如果效果不佳，则要点击 phase，进行手动调整。

（13）零点矫正。

（14）峰位标定：输入 pp 进行峰位自动标定，也可进行手动标定。

（15）积分：进行手动积分。

（16）输 xwp 命令输出谱图。

（17）按 BSMS 面板上的 lift 键弹出样品，再按 lift 键恢复。

F　实验数据处理

目前图谱处理是通过瑞士 Bruker 公司提供的专用处理软件 Topspin 2.0 在电脑上完成，亦可通过 MestRec 或 NUTS 等软件在 PC 机上完成。

G　结果与讨论

（1）讨论使用氘代试剂做溶剂的原因。

（2）对所测得的图谱进行解析。

H　主要符号说明

I——自旋量子数；

μ——磁矩，emu；

P——原子核的自旋角动量；

γ——旋磁比，rad/(s·T)；

B_0——磁场强度，T；

M——磁量子数；

h——普朗克常数。

【参考文献】

［1］宁永成. 有机化合物结构鉴定与有机波谱学（第 2 版）［M］. 北京：科学出版社，2000.

［2］毛希安. 现代核磁共振实用技术及应用［M］. 北京：科学技术文献出版社，2000.

［3］Berger S, et al. 核磁共振实验 200 例——实用教程（第 3 版）［M］. 陶家洵，等译. 北京：化学工业出版社，2007.

实验 4　材料类样品的扫描电子显微镜-能谱观察法

A　实验目的

（1）了解扫描电子显微镜与能谱仪的组成部分、基本原理与成像过程。

（2）掌握材料类样品的制备、前期准备及观察方法。

（3）了解扫描电子显微镜与能谱仪使用过程中的注意事项。

B　实验原理

1. 扫描电子显微镜（SEM）的工作原理

扫描电镜的电子枪和电磁透镜的结构原理类似透射电镜。电子枪产生的大量电子通过三组电磁透镜的连续会聚形成一条很细的电子射线（电子探针）。这条电子射线在电镜筒内两对偏转线圈的作用下,按顺序在标本表面扫描。由于来自锯齿波发生器的电流同时提供给电镜镜筒内的和显示管的两组偏转线圈,使得显示器的电子射线在荧光屏上产生同步扫描。从标本上射出的电子经探测器收集,被视频放大器放大并控制显示管亮度。因此,在荧光屏上扫描的亮度被标本表面相应点所产生的电子数量所控制,因而在荧光屏上显示出标本的高倍放大像。通过控制两套偏转线圈的电流便可控制放大率的倍数。另外安装有一个同样的照相用同步扫描显示管。

扫描电子显微镜工作原理如图 2-6 所示。

2. 能谱的工作原理

各种元素具有自己的 X 射线特征波长,特征波长的大小取决于能级跃迁过程中释放出的能量 ΔE。能谱仪就是利用不同元素 X 射线光子特征能量不同这一特点来进行成分分析的,可进行点扫描、线扫描、面扫描。其特征 X 射线能级图如图 2-7 所示。

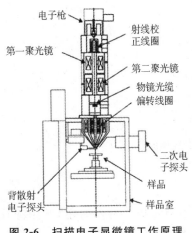

图 2-6　扫描电子显微镜工作原理

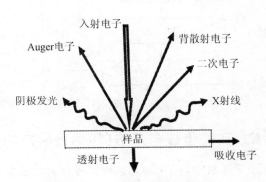

图 2-7　特征 X 射线能级图

C 预习与思考

(1) 了解实验目的,明确实验步骤,制订实验计划。

(2) 了解样品前处理过程中的注意事项。

(3) 如何选择合适的倍率观察样品?

(4) 了解面扫描、点扫描、线扫描的特点。

D 实验装置与流程

扫描电子显微镜-能谱仪操作流程如图 2-8 所示。

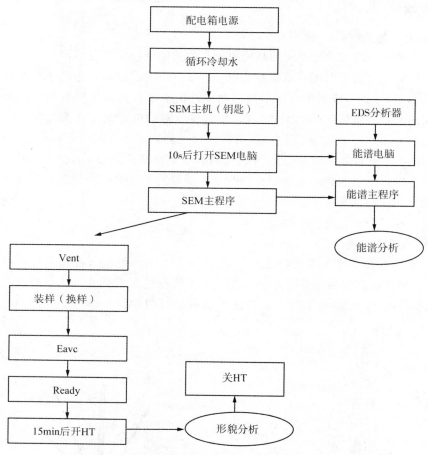

图 2-8 扫描电子显微镜-能谱仪操作流程

E 实验步骤与方法(包括分析方法)

用牙签取少量干燥、无磁性固体材料样品粘贴于贴有导电胶的样品台上,并用洗耳球将未粘牢的样品吹净。如为导电样品则直接放入电镜观察;若不导电,则需用离子溅射仪喷金,然后放入扫描电子显微镜中进行观察。

F　实验数据处理

(1) 从扫描电镜照片可以获得哪些信息?

(2) 由能谱图分析样品中所包含的元素。

G　结果与讨论

(1) 放大倍率对样品形貌有无影响?

(2) 对含铁、钴、镍等的磁性样品,如何进行扫描电镜的观察? 有哪些注意事项?

【参考文献】

[1] 郭素芝,等.扫描电镜技术及其应用[M].厦门:厦门大学出版社,2006.

[2] 周玉.材料分析方法[M].北京:机械工业出版社,2011.

实验 5　材料类样品的制备及透射电子显微镜观察

A　实验目的

(1) 掌握透射电子显微镜的基本操作。

(2) 使学生掌握材料类样品的制备方法,了解材料类样品的形态特征。

B　实验原理

透射电子显微镜(TEM)由电子枪、电磁透镜系统、荧光屏(或照相机)、镜筒、镜座、变压器、稳压装置、高压电缆、真空泵系统、操纵台等部分组成。电子枪相当于光学显微镜中的光源,供应和加速从阴极热钨丝发射出来的电子束。电镜所用的电压一般为 $2.0 \times 10^5 \sim 3.0 \times 10^5$ V,才足以使电子枪里的电子以高速飞出。电子通过聚光透镜,到达标本上,因为标本很薄,高速电子可以透过,并且由于标本各部分的厚度或密度不同,通过的电子就有疏密之分。电压需要严格稳定才能使成像稳定,很小的电压改变就会引起严重干扰。像的亮度可以通过电子枪来控制。

电磁透镜组相当于光镜中的聚光器、物镜及目镜系统。电子束通过各个电磁透镜的圆形磁场的中心时可被会聚而产生像。电镜的透镜系统由 4 组电磁透镜组成,包括聚光透镜、物镜、中间透镜和投射透镜(目镜)。可改变聚光透镜的电流,使电子束对标本聚焦并提供"照明"。物镜靠近标本的焦点上。通过物镜、中间镜和投射镜的三级放大,能在一定的距离处得到高倍的放大像,最终形成的像投射到荧光屏上。在荧光屏部位可换用黑白胶片以制取相片底板。改变电磁线圈中的电流量,从而使电磁透镜调焦,并产生不同的放大率。为了尽量减小电镜中电子与空气分子相碰撞而产生散射的几率,镜筒中的真空度要求很高,因此密封的镜筒与真空泵相连。由于标本需置于真空的镜筒内,因此不能直接检查活材料。

C 预习与思考

（1）透射电子显微镜的基本结构。

（2）材料类样品的制备方法及观察：溶剂超声分散法制备样品的方法；铜网点样浓度确定；电镜下观察样品的形态。

D 实验装置与流程

实验所用仪器为透射电子显微镜。透射电子结构图和原理图见图 2-9 和图 2-10。由电子枪发射出来的电子束，在真空通道中沿着镜体光轴穿越聚光镜，通过聚光镜将之会聚成一束尖细、明亮而又均匀的光斑，照射在样品室内的样品上；透过样品后的电子束携带有样品内部的结构信息，样品内致密处透过的电子量少，稀疏处透过的电子量多；经过物镜的会聚调焦和初级放大后，电子束进入下级的中间透镜和第 1、第 2 投影镜进行综合放大成像，最终被放大了的电子影像投射在观察室内的荧光屏板上；荧光屏将电子影像转化为可见光影像以供使用者观察。

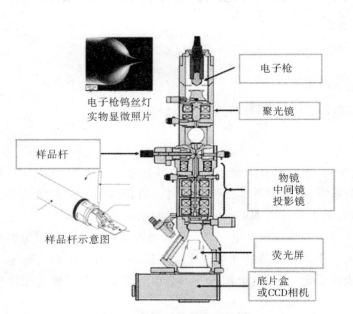

图 2-9 透射电子显微镜结构

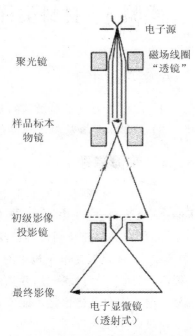

图 2-10 透射电子显微镜成像原理

E 实验步骤与方法（包括分析方法）

1. 开机前准备

开机前先检查冷却水量；打开循环水开关（OFF-ON）。

2. 开机及测样

（1）打开电镜电源（POWER-START），抽真空 30min 以上。

（2）将透镜电源开关打开（LENS POWER SWITCH-ON）。

（3）加高压（当高压准备灯亮时，按下高压开关 HT-SWITCH）。

（4）观察荧光屏的亮度。

（5）放大倍数调节。

（6）聚焦。

（7）观察、拍照。

（8）更换样品。

3. 关机

（1）关高压（HT-OFF）。

（2）关透镜电源（LENS POWER SWITCH-OFF）。

（3）关电镜电源（POWER-OFF）。

（4）关循环水开关（ON-OFF）。

F　实验数据处理

根据所拍图片，分析电镜下观察样品的形态。

G　结果与讨论

（1）讨论透射电子显微镜与光学显微镜性能的差异。

（2）分析主要功能键的用途。

【参考文献】

[1] 周玉. 材料分析方法[M]. 北京：机械工业出版社，2011.

[2] 吴刚. 材料结构表征及应用[M]. 北京：化学工业出版社，2004.

实验 6　NaCl 晶体结构及晶粒大小的 X 射线衍射法测定

A　实验目的

（1）学习了解 X 射线衍射仪的工作原理和仪器结构。

（2）掌握样品的制备方法。

（3）掌握 X 射线衍射物相定性分析的方法和步骤。

（4）测定 NaCl 的物相结构。

（5）应用 Scherrer 公式求粉末多晶的平均粒径。

（6）给定实验样品，设计实验方案，得出正确的分析鉴定结果。

B　实验原理

1. 仪器介绍

X 射线衍射仪是利用 X 射线衍射原理研究物质内部微观结构的一种大型分析仪器。

X 射线衍射仪可以精确地测定物质的晶体结构、织构及应力,精确地进行物相分析、定性分析、定量分析,广泛应用于冶金、石油、化工、航空航天、材料生产等领域,是常用的分析仪器。

2. 仪器的构成和工作原理

由 X 射线光管发射出的 X 射线照射到试样上产生衍射现象,用探测器接收衍射线的 X 射线光子,经测量电路放大处理后在显示或记录装置上给出精确的衍射线位置、强度和线形等衍射数据,如图 2-11 所示。

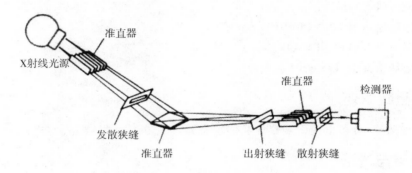

图 2-11　X 射线衍射仪的光路图

X 射线通过晶体时会被晶体中很大数量的原子、离子或分子散射,从而在某些特定的方向上产生强度相互加强的衍射线。其必须满足的条件是光程差为波长的整数倍：$2d\sin\theta = n\lambda$,即满足布拉格衍射条件,如图 2-12 所示。

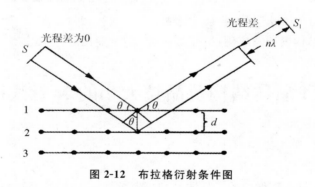

图 2-12　布拉格衍射条件图

3. 主要技术规格

(1) X 射线发生器：最大输出功率 $\geqslant 2.2\text{kW}$。

(2) 测角仪部分：θ/θ 扫描方式；马达驱动,可读最小步长 $0.0001°$；角度重现性 $0.0001°$。

(3) 探测器部分：全能矩阵 PIXcel 3D 探测器,背景 $\leqslant 1\text{cps}$。

(4) 配置小角散射附件、薄膜附件和纤维附件。

(5) 粉末衍射软件包(定性、定量、结构修正、微结构分析)。

C　预习与思考

(1) XRD 的主要用途是什么?

（2）制备样品压片时为什么要求样品一定要压得平整？

（3）为什么只有晶体结构的固体才能测定 XRD 图谱？

（4）了解实验目的，明确实验步骤，制订实验计划。

（5）对测定得到的 XRD 图谱进行解析和晶粒大小的计算。

D　实验装置与流程

1．开机

（1）开启水冷系统和 UPS 系统。

（2）开启主机电源，待主机控制面板上显示 0kV、0mA 后，将 HT 钥匙转动 90°（水平位置），待面板显示 15kV、5mA，很快转为 30kV、10mA。此时仪器已可联机使用。按下 Light 按钮可以开启机内照明灯。开门需要按 Unlock door 按钮。

（3）请将仪器的待机电压、电流设定为 40kV、20mA。

2．X 射线光管的老化

（1）对于新的和超过 100h 未使用的 X 射线光管，需进行正常老化。

（2）对于超过 24h 但未超过 100h 未使用的 X 射线光管，需进行快速老化。方法：在仪器联机的情况下（X'pert Data Collector → Instrument → Connect），从左边框里选择 Instrument Setting → Generator → X-ray → Breeding → at normal speed/fast。

3．关机

（1）将高压降至 15kV、5mA（先降电流，后降电压），X'pet Data Collector → Instrument → disconnect 退出联机状态；将钥匙转动 90°关闭高压，等待约 10s 后按下仪器面板上的 OFF 按钮，关闭主机。

（2）关闭水冷系统和 UPS 系统。关闭高压 1～2min 后必须关闭水冷系统。

注意事项

X 射线衍射仪由专人负责管理和操作。进入实验室必须严格执行安全管理规章制度，确保人身和仪器安全。

（1）X 射线衍射仪属于精密高端仪器，未经管理员允许，不得使用该仪器。使用前需认真学习本仪器的原理、基本操作和注意事项，了解仪器的性能、构造。熟悉操作规程后方可进行操作。

（2）仪器使用后应认真填写运行日志。并将各使用器件擦洗干净后放回原处，关闭电源，打扫完室内清洁，方可离开。

（3）循环水冷系统中的蒸馏水平均 3 个月更换一次，并在水温处于正常范围内时再开启仪器主机。

（4）定期对仪器的分辨率和灵敏度等指标进行校对，保证仪器设备的完好性、可靠性，做好详细记录，并保持室内整洁卫生。

（5）X 射线光管高压下能产生臭氧及氮的氧化物气体，因此注意实验室内通风。

（6）注意保持一定的实验室温度和湿度，以保证仪器和电线干燥，防止设备和线路受潮漏电。

（7）遇到停电等突发情况或地震等自然灾害时，应关闭仪器，仔细检查后再运行仪器。

E　实验步骤与方法(包括分析方法)

本实验所用的样品为分析纯 NaCl。

(1) 压片

将样品用玛瑙研钵研细后,放于玻璃样品架上,用载玻片压平整。

(2) 测样

① 双击 X'pert Data Collector 图标,输入用户名和密码。

② 仪器联机。从 Instrument → connect 选择适当的配置,联机。联机后可从左边框里选择相应项目进行以下操作。

③ 逐步设定电压、电流至需要值,如 40kV、40mA。

④ 从 Measure → Program 选择测量程序,键入文件名及开始执行测量程序,测量数据将自动存储。

F　实验数据处理

(1) 对所得 XRD 图谱进行寻峰。

(2) 利用软件计算峰位和半峰宽。

(3) 利用 Scherrer 公式求粉末多晶的晶粒大小。

G　结果与讨论

(1) 粉末样品制备有几种方法? 应注意什么问题?

(2) 如何选择 X 射线光管的管电压、管电流?

(3) X 射线谱图鉴定分析应注意什么问题?

【参考文献】

[1] 马礼敦. 高等结构分析[M]. 上海:复旦大学出版社,2002.

[2] 吴宏翔,马礼敦,孙杰,等. X 射线粉末衍射从头晶体结构测定——[Co(NH$_3$)$_5$Br]Br$_2$ 配合物的晶体结构[J]. 化学学报,1998,56(2):1184-1191.

[3] Bērar J F, Blanguart L, Boudet N, et al. A pixel detector with large dynamic range for high photon counting rates[J]. *J. Appl. Cryst.*,2002,35:471-476.

实验 7　液相色谱-质谱联用仪(LC-MS)测定多肽

A　实验目的

(1) 了解液相色谱-质谱联用仪的基本组成及功能原理,学习质谱检测器的调谐方法。

(2) 掌握利用液相色谱-质谱联用仪进行多肽分析的基本操作。

B　实验原理

液相色谱(high performance liquid chromatography,HPLC)是一类分离与分析技术,其特点是以液体作为流动相。和气相色谱不同,液体作为流动相时,固定相可以有多种形式,如纸、薄板和填充床等。在色谱技术发展过程中,为了区分各种方法,根据固定相的形式产生了各自的命名,如纸色谱(paper chromatography)、薄层色谱(thin-layer chromatography)和柱液相色谱(column liquid chromatography)。柱液相色谱包括的范围很广。根据溶质在两相中分配的机理不同,有吸附色谱、分配色谱、离子色谱、排阻色谱、亲和色谱等等。目前液相色谱这一术语主要指柱液相色谱。

目前应用最广泛的液相色谱是分配色谱。色谱是根据样品各组分在流动相和固定相中的分配情况不同来进行分离,一些组分与固定相作用较强,较慢流出色谱柱,另一些组分与固定相作用较弱,较快流出色谱柱,从而得以分离。根据流动相和固定相之间的相互作用,色谱可以分为正相色谱和反相色谱。其实,正相和反相是两个相对的概念,在分配色谱中这个概念具有特别重要的实用价值。正相色谱中,固定相的极性比流动相的极性大,采用极性固定相(如聚乙二醇、氨基与腈基键合相);流动相为相对非极性的疏水性溶剂(烷烃类如正己烷、环己烷),常加入乙醇、异丙醇、四氢呋喃、三氯甲烷等以调节组分的保留时间。正相色谱常用于分离中等极性和极性较强的化合物(如酚类、胺类、羰基类及氨基酸类等)。而在反相色谱中,一般用非极性固定相(如 C18、C8);流动相为极性的水或缓冲液,常加入甲醇、乙腈、异丙醇、丙酮、四氢呋喃等与水互溶的有机溶剂以调节保留时间。反相色谱适用于分离非极性和极性较弱的化合物,在现代液相色谱中应用最为广泛,据统计,它占整个 HPLC 应用的 80% 左右。

高效液相色谱仪由高压输液系统、进样系统、分离系统、检测系统、记录系统五大部分组成。而液相色谱-质谱联用仪则把质谱仪也作为一种检测器,一般是串接在紫外检测器(包括 DAD)之后。

分析前,选择适当的色谱柱和流动相,开泵,冲洗柱子,待柱子达到平衡而且基线平直后,用微量注射器把样品注入进样口,流动相把试样带入色谱柱进行分离,分离后的组分依次流入检测器的流通池,最后和洗脱液一起排入流出物收集器。当有样品组分流过流通池时,检测器把组分浓度转变成电信号,经过放大,用记录器记录下来就得到色谱图。色谱图是定性、定量和评价柱效高低的依据。

色谱图是检测信号和时间的关系图,如图 2-13 所示。不同的色谱峰对应相应的组分,根据峰个数可判断样品中含的组分数。在色谱图上可以得到相应组分的保留时间和峰面积信息。保留时间可用于定性分析,因为相同的物质在相同的色谱条件下应该有相同的保留值。峰面积可用于定量分析,组分的浓度与检测器的响应信号成正比。

(1)高压输液系统:一般由二元或者多元高压输液泵、储液瓶和流动相等组成。高压输液泵要求输出压力高、平稳、脉冲小、流量稳定可调、耐腐蚀。流动相组成可以是恒定的,也可以根据时间来改变。通过改变流动相的组成来调整组分的 k 值(分配系数,指在平衡状态下组分在固定液和流动相中的浓度比,也称为分配比),改变分离因子 α 值,以达到最短时间内得到最佳分离的目的,即为梯度洗脱。梯度洗脱可以改善分离,加快分析速

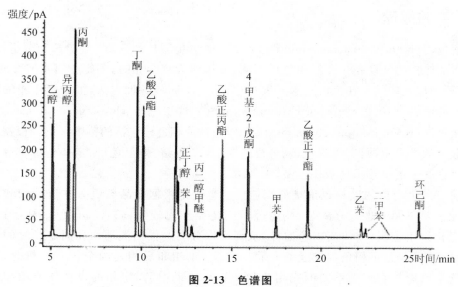

图 2-13　色谱图

度;改善峰形,减少拖尾;但是可能引起基线漂移。分配比变化范围宽的复杂样品应采取梯度洗脱方式分离。对流动相溶剂的一般要求有:① 对样品有一定的溶解度,以防在柱头产生沉淀。② 适用于所选择的检测器。③ 化学惰性好,以免破坏固定相。④ 黏度低,增加样品的扩散系数,提高柱效。⑤ 纯度高(HPLC 级),溶剂不纯会增加检测器噪声,产生伪峰。

(2) 进样系统:一般是六通阀进样装置,取样和进样状态见图 2-14。

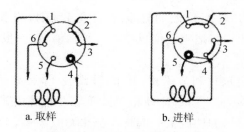

a. 取样　　　　　　　b. 进样

图 2-14　六通阀进样装置

1,4-定量管;2-泵;3-去色谱柱;5,6-排液口

(3) 分离系统:色谱是通过色谱柱来进行分离的。色谱柱可以说是整个色谱仪的心脏。液相色谱柱一般是直形不锈钢管分离柱,内径 1~6mm,柱长 5~40cm。液相色谱柱的发展趋势是减小填料粒度和柱径以提高柱效。

(4) 检测系统:目前液相色谱仪常备的检测器主要是紫外(或紫外-可见)分光光度计和光电二极管阵列检测器、示差折光仪、蒸发光闪射仪、荧光检测器、电化学检测器、质谱仪等等。比较常用的是紫外检测器和二极管阵列检测器、质谱仪。紫外检测器的工作原理是大家熟知的。当一束紫外光通过样品池时,入射光的一部分被溶液中某种物质吸收,吸收的多少取决于溶质的性质、溶质在溶液中的浓度和样品池沿入射光方向的长度。用一个公式表示,即:

$$A = \log \frac{I_0}{I} = \varepsilon c L$$

式中：A 是吸光度；

　　　I_0 是入射光的强度；

　　　I 是透射光的强度；

　　　ε 是溶质在给定波长下的摩尔消光系数[L/(mol · cm)]；

　　　c 是溶质浓度(mol/L)；

　　　L 是池的光程长(cm)。

上式表明，浓度和响应值之间存在线性关系。这种关系称为朗伯-比尔定律。

二极管阵列检测器的原理是，光源发出的光聚焦在样品池上，被样品吸收后，被光栅分光形成按波长顺序排列的光谱带，而后被聚焦在光电二极管，提取放大进行记录，得到三维光谱图。

分子在离子源接受能量，先失去一个电子，得到带正电荷的分子离子，分子离子进一步裂解后，形成带正电荷的碎片离子，这些离子按照其质量 m 和电荷 z 的比值（m/z，质荷比）大小依次排列成谱被记录下来，称为质谱(mass spectroscopy，MS)。进行质谱分析的仪器称为质谱仪。典型的质谱仪一般由进样系统、离子源、质量分析器、检测器等组成。HPLC 的功能是将混合物的多组分化合物分离成单组分化合物。质谱仪是作为 HPLC 的鉴定器来使用的。HPLC 与 MS 联用的关键问题是接口问题的解决。首先是高效液相色谱体系的高压与质谱的高真空之间的矛盾，其次是如何去除液相色谱的流动相不使它进入离子源的问题。目前使用最多的是大气压化学电离源(APCI)和电喷雾电离源(ESI)。电喷雾电离源的电离机制是带电液滴蒸发，电荷残留机理。雾化前外加电场是溶液带电，利用高温低压、蒸发快的特点产生库仑爆炸，进而生成离子。电喷雾电离源特别适用于蛋白质、中等极性或极性化合物、热不稳定化合物离子型化合物等的分析。ESI 正离子模式常常容易形成[M+H]$^+$、[M+nH]$^+$、[M+Na]$^+$、[M+K]$^+$、[M+NH$_4$]$^+$、[M+AcN+H]$^+$ 等离子，适用于含 N、P、S 或金属等的有机物等的分析，负离子模式容易形成[M−H]$^-$、[M+Cl]$^-$、[M+CH$_3$COO]$^-$ 等离子，适用于含—COOH、—OH 等基团的有机物。质量分析器比较常用的有离子阱和四级杆等。离子阱质量分析器是由环行电极和上、下两个端盖电极构成的一个三维四极场。具有选择并储存离子功能，特定 m/z 离子在阱内一定轨道上稳定旋转，改变端电极电压，不同 m/z 离子飞出阱，到达检测器。如果将特定 m/z 离子留在阱内，进一步裂解，可以做多级质谱。一般离子阱内部充以 0.133Pa 的氦气，使离子在阱中的运动受到阻力，较集中于中心，缓释动能，提高了灵敏度与分辨率。

液相色谱-质谱联用仪是有机物分析领域中的高端仪器。液相色谱能够有效地将有机物待测样品中的有机物成分分离开；而质谱能够对分开的有机物进行逐个分析，得到有机物相对分子质量、结构(在某些情况下)和浓度(定量分析)的信息。

C　预习与思考

(1) 液相色谱中分配色谱的由哪几种组成？各有什么特点？

(2) 色谱是根据什么来定性和定量的？

（3）了解液质联用仪的特点及应用。

（4）了解液质联用仪的组成部分。

（5）了解实验目的,明确实验步骤,制订实验计划。

（6）设计原始数据记录表。

D 实验装置与流程

实验所用的液质联用仪是 ThermoFisher scientific 的 LCQ Fleet,各组成部分见图 2-15。

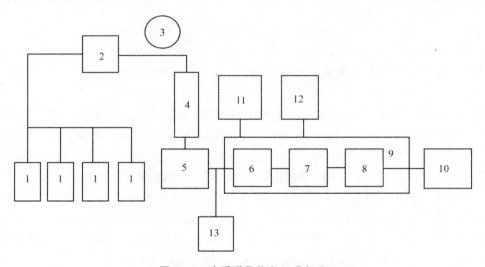

图 2-15 液质联用仪各组成部分

1-流动相储液瓶;2-高压泵;3-六通阀进样器;4-色谱柱;5-紫外检测器;6-电喷雾电离源;7-离子阱质量分析器;8-光电倍增管检测器;9-真空系统;10-电脑;11-液氮罐;12-氮气钢瓶;13-废液

在本实验中,首先配制实验所用的流动相,配制好后对流动相进行超声脱气 0.5h,然后对仪器进行开机,用初始（0min 时）比例流动相平衡色谱柱,编辑方法,设定序列,自动进样器进样,对测得的图谱进行解析,用适当的溶剂冲洗色谱柱,最后关机。

E 实验步骤与方法（包括分析方法）

本实验所用色谱条件如下:

柱子：Hypersil GOLD（非极性固定相）$5\mu m$,$\phi 2.1mm \times 150mm$。

流速：$200\mu L/min$。

检测波长：220nm＋PDA 全扫。

流动相梯度洗脱条件见表 2-2。

表 2-2 流动相梯度洗脱条件

时　间	0.1%三氟乙酸乙腈溶液	0.1%三氟乙酸水溶液
0min	32%	68%
25min	57%	43%

本实验所用质谱条件如下：

离子源：电喷雾电离源（ESI+）。

扫描方式：全扫描；扫描范围：200～1500m/z。

毛细管电压：3.2kV。

雾化气温度：350℃。

雾化气压强：172.4kPa。

实验时应注意以下几个方面：

（1）样品必须用 0.22μm 滤膜过滤，不得有颗粒物；

（2）上样的溶剂，必须是色谱纯，最好和流动相的比例一致；

（3）超纯水，并用 0.22μm 滤膜过滤；

（4）样品不允许含有金属离子、表面活性剂、磷酸盐、硼酸盐等不挥发盐；

（5）淋洗液缓冲溶剂必须可挥发，如乙酸、乙酸铵、氢氧化四丁基铵等，色谱纯；

（6）样品 pH5～7，严禁含有无机或有机强酸、强碱；

（7）每次使用时都必须检查氢气压强、氮气压强是否在正常范围内；

（8）在样品检测时，查看仪器界面真空度够不够，应在 1.33×10^{-3}Pa 以内；

（9）在做完实验之后要冲洗液相管路，将离子传输管温度降至 100℃；

（10）维护仪器房间内温湿度的恒定；实验室内一定要除尘。

F 实验数据处理

（1）对实验所得的图谱进行处理，并进行各图谱的说明。

（2）对总离子流图进行积分，并计算各组分含量。

G 结果与讨论

（1）对液质联用仪测得的各种图谱进行解释与说明，讨论其意义。

（2）讨论影响液质联用结果的关键因素。

（3）推测苯、甲苯、乙苯的出峰顺序（从 HPLC 和 GC 两方面推测并说明原因）。

（4）试说明苯甲酸在本实验的色谱柱上是强保留还是弱保留？为什么？

H 主要符号说明

HPLC-MS——液相色谱-质谱联用仪；

PDA——二极管阵列检测器；

ESI——电喷雾电离源；

m/z——电荷荷质比。

【参考文献】

[1] 王俊德,等. 高效液相色谱法[M]. 北京：科学出版社,1992.

[2] 武汉大学. 分析化学（第 5 版）[M]. 北京：高等教育出版社,2006.

[3] 常建华,等. 波谱原理及解析（第 2 版）[M]. 北京：科学出版社,2006.

实验 8　蒙脱石的比表面积测定

A　实验目的

(1) 通过测定固体物质的比表面积掌握比表面积测定仪的基本构造及原理。

(2) 学会用 BET 容量法测定固体物质比表面积的方法。

(3) 通过实验了解 BET 多层吸附理论在测定比表面积中的应用。

B　实验原理

BET 法测定比表面积是以氮气为吸附质,以氦气或氢气作载气,两种气体按一定比例混合,达到指定的相对压强,然后流过固体物质。当样品管放入液氮保温时,样品即对混合气体中的氮气发生物理吸附,而载气则不被吸附。这时屏幕上即出现吸附峰。当液氮被取走时,样品管重新处于室温,吸附氮气就脱附出来,在屏幕上出现脱附峰。最后,在混合气中注入已知体积的纯氮,得到一个校正峰。根据校正峰和脱附峰的峰面积,即可算出在该相对压强下样品的吸附量。改变氮气和载气的混合比,可以测出几个氮的相对压力下的吸附量,从而可根据 BET 公式计算比表面积。BET 公式为:

$$\frac{P_{N_2}/P_S}{V_d(1-P_{N_2}/P_S)} = \frac{1}{V_m C} + \frac{C-1}{V_m C} \cdot \frac{P_{N_2}}{P_S}$$

式中:P_{N_2} 为混合气中氮的分压;

P_S 为吸附平衡温度下吸附质的饱和蒸气压;

V_m 为铺满一单分子层的饱和吸附量(标准状态下);

C 为与第一层吸附热及凝聚热有关的常数;

V_d 为不同分压下所对应的固体样品吸附量(标准状态下)。

选择相对压强 P_{N_2}/P_S 在 $0.05 \sim 0.35$。实验得到与各相对 P_{N_2}/P_S 相应的吸附量 V_d 后,根据 BET 公式,将 $\dfrac{P_{N_2}/P_S}{V_d(1-P_{N_2}/P_S)}$ 对 P_{N_2}/P_S 作图,得一条直线,其斜率为 $b = \dfrac{C-1}{V_m C}$,截距 $a = \dfrac{1}{V_m C}$。由斜率和截距可以求得单分子层饱和吸附量 V_m。

$$V_m = \frac{1}{a+b}$$

根据每一个被吸附分子在吸附表面上所占有的面积,即可计算出 1g 固体样品所具有的表面积。

实验中,通常用 N_2 作吸附质,在液氮温度下,每个 N_2 分子在吸附剂表面所占有的面积为 $0.162nm^2$,而在 273K 及 $101.325 \times 10^3 Pa$ 下 1mL 被吸附的 N_2 若铺成单分子层时,所占的面积为:

$$\sum = \frac{6.023 \times 10^{23} \times 16.2 \times 10^{-20}}{22.4 \times 10^3} = 4.36 m^2/mL$$

因此,固体的比表面积可表示为:

$$S_0 = 4.36 \frac{V_m}{W}$$

式中:W 为所测固体的质量。

本实验采用 He 作载气,故只能测量对 He 不产生吸附的样品。在液氮温度下,He 和 N_2 的混合气连续流动通过固体样品,固体吸附剂对 N_2 产生物理吸附。

BET 多分子层吸附理论的基本假设,使 BET 公式只适用于相对压强 P_{N_2}/P_S 在 0.05~0.35。因为在低压下,固体的不均匀性突出,各个部分的吸附热也不相同,建立不起多层物理吸附模型。在高压下,吸附分子之间有作用,脱附时彼此有影响,多孔性吸附剂还可能有毛细管作用,使吸附质气体分子在毛细管内凝结,也不符合多层物理吸附模型。

C　预习与思考

(1) 在实验中为什么控制 P_{N_2}/P_S 在 0.05~0.35?

(2) 实验误差主要来自哪几个方面? 怎样克服?

(3) 为什么必须测量仪器常数? 怎样测量?

D　实验装置与流程

美国麦克仪器公司 TRISIA II 3020 型比表面积和孔径测定仪 1 套(含微机与打印机);氮气瓶 2 个;氦气瓶 1 个;液氮罐(6L)1 个;分析天平 1 台;α-氧化铝(色谱纯);蒙脱石,其他药品依需要而定。

采用美国麦克仪器公司 TRISIA II 3020 型比表面积和孔径测定仪,用 BET 法测定比表面。流程如图 2-16 所示。

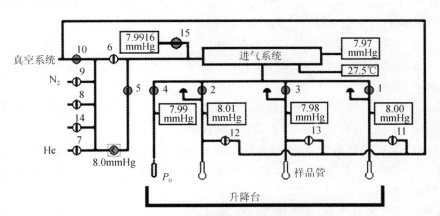

图 2-16　BET 法测比表面积流程图

E　实验步骤与方法(包括分析方法)

(1) 检查 N_2、He 瓶阀门是否打开,减压器出口压强是否调节为 0.1MPa。建议对气体管线每周做一次检漏。

(2) 称样:先称空管加塞的质量,再粗称一定质量的样品,装入样品管(注意:装样时用纸槽或长颈漏斗将样品送入样品管底部,不要让样品粘在管壁上)。将数据记录于表 2-3。

表 2-3　称样记录表

	序号	空管十塞质量/g	样品粗称质量/g	空管十塞十样品质量/g	样品最终质量/g	命名
样品前处理						

（3）样品处理

① 先开油泵,再开脱气站电源,调节温度到预期值。

② 装样品管到脱气站上后,打开真空开关抽真空,放样品管到加热槽内,待温度稳定后开始计时。

③ 计时结束后,取出样品管放入冷却槽内,使其在室温下冷却,待冷却到室温后,关闭抽真空,注入 N_2 约 20s 后关闭,卸下样品管并马上塞紧橡胶塞。再次称量脱气后的管加样加塞的质量,减去空管加塞的质量,即得到纯净样品的质量。

④ 脱气站和真空油泵若无样品处理可以关掉电源。

（4）开主机:先开分子油泵,再开主机电源,最后在电脑桌面上双击"Win3020"图标,打开控制软件。

（5）建立样品文件:输入样品名称和操作者和送样人,输入纯净样品质量后,点击"save"保存后关闭。

（6）开始分析

① 将样品管装到仪器的样品口(注意:要套上白色的等温夹套),并记录对应关系,放装好液氮的杜瓦瓶到杜瓦瓶升降台上(注意:杜瓦瓶一定要放稳,不要架空;一定将防液氮挥发盖推至上部顶端,防止损坏设备),拉上保护罩。

② 在电脑上点击"Unit 1"进入"sample analysis",加载相应样品文件到对应的样品口后,点击"start"开始分析。

③ 待分析完后,观察下边蓝色状态栏内,三个口都是显示为"Idle",则分析完成,在"view:operation"窗内点击"Report 1/2/3",查看报告。

（7）卸样品管:卸样品管前,先移开杜瓦瓶到一个安全位置,盖上防挥发盖。卸掉样品管后,装上堵头,防止灰尘等其他污染物污染样品口。样品管冲洗干净后,烘干备用。

（8）关机

① 从电脑上关闭软件后,再关闭主机电源,最后关闭油泵。

② 测试完毕,如长时间不进行检测,应将气瓶主阀关闭。

F　实验数据处理

（1）读取测试所得的比表面积。

（2）分析孔径结构的类型。

G 结果与讨论

（1）比表面积与表面积的区别？

（2）实验过程中，冷阱中的液氮会逐渐减少，为何需不断补充使其始终保持在同一高度？

（3）多层吸附与单层吸附有何区别？

【参考文献】

［1］陈诵英，等. 吸附与催化［M］. 郑州：河南科学技术出版社；上海：复旦大学出版社，2001.

［2］杨正红，高原. 含有微孔的多孔固体材料的比表面测定［J］. 现代科学仪器，2010，1：97 - 102.

［3］周华锋，等. 多元混合金属柱交联蒙脱土的合成及其比表面积的测定［J］. 辽宁化工，2003，32（8），344 - 345.

第 3 章

化学工程与工艺实验

实验 1   二元系统气液平衡数据的测定

A   实验目的

（1）了解和掌握用双循环气液平衡器测定二元气液平衡数据的方法。

（2）了解缔合系统气液平衡数据的关联方法，从实验测得的 T-P-x-y 数据计算各组分的活度系数。

（3）学会二元气液平衡相图的绘制。

B   实验原理

气液平衡数据是蒸馏、吸收过程开发和设备设计的重要基础数据。此数据对提供最佳化的操作条件，减少能源消耗和降低成本等，都具有重要的意义。尽管有许多体系的平衡数据可以从资料中找到，但这往往是在特定温度和压力下的数据。随着科学的迅速发展，以及新产品、新工艺的开发，许多物系的平衡数据还未经前人测定过，这都需要通过实验测定以满足工程计算的需要。此外，在溶液理论研究中提出了各种各样描述溶液内部分子间相互作用的模型，准确的平衡数据还是对这些模型的可靠性进行检验的重要依据。

以循环法测定气液平衡数据的平衡器类型很多，但基本原理一致，如图 3-1 所示。当体系达到平衡时，a、b 容器中的组成不随时间而变化，这时从 a 和 b 两容器中取样分析，可得到一组气液平衡实验数据。

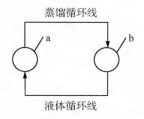

图 3-1   循环法测定气液平衡数据的基本原理示意图

C　预习与思考

（1）为什么即使在常低压下，醋酸蒸气也不能当作理想气体看待？

（2）本实验中气液两相达到平衡的判据是什么？

（3）设计用 0.1mol/L NaOH 标准液测定气液两相组成的分析步骤，并推导平衡组成计算式。

（4）如何计算醋酸-水二元系的活度系数？

（5）为什么要对平衡温度作压力校正？

（6）本实验装置如何防止气液平衡釜闪蒸、精馏现象发生？如何防止暴沸现象发生？

D　实验装置与流程

本实验采用改进的 Ellis 气液两相双循环型蒸馏器，其结构如图 3-2 所示。

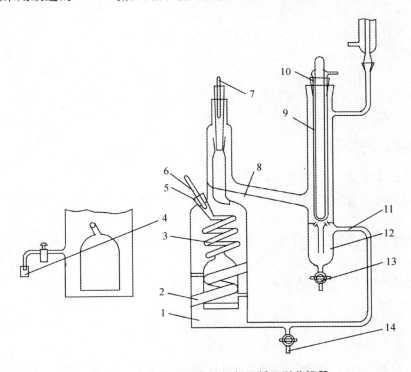

图 3-2　改进的 Ellis 气液两相双循环型蒸馏器

1- 蒸馏釜；2-加热夹套内插电热丝；3-蛇管；4-液体取样口；5-进料口；6-测定平衡温度的温度计；7-测定气相温度的温度计；8-蒸气导管；9、10-冷凝器；11-气体冷凝液回路；12-凝液贮存器；13-气相凝液取样口；14-放料口

改进的 Ellis 蒸馏器测定气液平衡数据较准确，操作也较简便，但仅适用于液相和气相冷凝液都是均相的系统。温度测量用分度为 0.1℃ 的水银温度计。

在本实验装置的平衡釜加热部分的下方，有一个磁力搅拌器，电加热时用以搅拌液体。在平衡釜蛇管处的外层与气相温度计插入部分的外层设有上、下两部分电热丝保温。另外，还有一个电子控制装置，用以调节加热电压及上、下两部分电热丝保温的加热电压。

分析测试气液相组成时,用化学滴定法。每一实验组配有 2 个取样瓶、2 个 1mL 的针筒及配套的针头、1 个碱式滴定管、1 架分析天平。实验室中有大气压力测定仪。

E　实验步骤与方法

(1) 加料:从加料口加入配制好的醋酸-水二元溶液。

(2) 加热:接通加热电源,调节加热电压在 150～200V,开启磁力搅拌器,调节合适的搅拌速度。缓慢升温加热至釜液沸腾时,分别接通上、下保温电源,其电压调节在 10～15V。

(3) 温控:溶液沸腾,气相冷凝液出现,直到冷凝回流。起初,平衡温度计读数不断变化,调节加热量,使冷凝液控制在 1min 60 滴左右。调节上、下保温的热量,最终使平衡温度逐趋稳定,气相温度控制在比平衡温度高 0.5～1℃。保温的目的在于防止气相部分冷凝。平衡的主要标志是平衡温度达到稳定。

(4) 取样:整个实验过程中必须注意蒸馏速度、平衡温度和气相温度的数值,不断加以调整,经 0.5～1h 稳定后,记录平衡温度及气相温度读数。读取大气压力计的大气压。迅速取约 8mL 的气相冷凝液及液相于干燥、洁净的取样瓶中。

(5) 分析:用化学分析法分析气、液两相组成,每一组分析两次,分析误差应小于0.5%,得到 $W_{HAc气}$ 的冷凝液体及 $W_{HAc液}$ 两种液体质量分数。

(6) 实验结束后,先把加热及保温电压逐步降低到零,切断电源,待釜内温度降至室温,关冷却水,整理实验仪器及实验台。

F　实验数据处理

(1) 平衡温度校正

测定实际温度与读数温度的校正:

$$t_{实际} = t_{观} + 0.00016n(t_{观} - t_{室})$$

式中:$t_{观}$ 为温度计指示值;

　　　$t_{室}$ 为室温;

　　　n 为温度计暴露出部分的读数。

沸点校正:

$$t_P = t_{实际} + 0.000125(t_{实际} + 273)(760 - P)$$

式中:t_P 为换算到标准大气压(0.1MPa)下的沸点;

　　　P 为实验时大气压(换算为以 mmHg 为单位)。

(2) 将 t_P、$W_{HAc气}$、$W_{HAc液}$ 输入计算机,计算表中参数。

计算结果列入表 3-1。

表 3-1　实验数据记录表

P_A^0	n_B^0	$n_{A_1}^0$	n_{A_1}	n_{A_2}	n_B	γ_A	γ_B

(3) 在二元气液平衡相图中,按本实验附录中给出的醋酸-水二元系的气液平衡数据作出光滑的曲线,并将本次实验的数据标绘在相图上。

G　结果与讨论

(1) 计算实验数据的误差,分析误差的来源。
(2) 为何液相中 HAc 的浓度大于气相?
(3) 若改变实验压力,气液平衡相图将作何变化? 试用简图表明。
(4) 用本实验装置,设计作出本系统气液平衡相图操作步骤。

H　主要符号说明

n——组分的摩尔分数;

P——压强,mmHg;

P^0——纯组分的饱和蒸气压,mmHg;

t——摄氏温度,℃;

x——液相摩尔分数;

y——气相摩尔分数;

γ——活度系数;

η——气相中组分的真正摩尔分数。

下标 A_1、A_2——混合平衡气相中单分子和双分子醋酸;

下标 A、B——醋酸与水。

【参考文献】

[1] 乐清华.化学工程与工艺专业实验[M].北京:化学工业出版社,2008.

[2] 华东化工学院化学工程专业.二元系统气液平衡数据的测定[J].化学学报,1976,34(2):79.

附录 1　醋酸-水二元系气液平衡数据的关联

序号	t/℃	x_{HAc}	y_{HAc}	序号	t/℃	x_{HAc}	y_{HAc}
1	118.1	1.00	1.00	7	104.3	0.50	0.356
2	115.2	0.95	0.90	8	103.2	0.40	0.274
3	113.1	0.90	0.812	9	102.2	0.30	0.199
4	109.7	0.80	0.664	10	101.4	0.20	0.316
5	107.4	0.70	0.547	11	100.3	0.05	0.037
6	105.7	0.60	0.452	12	100.0	0	0

附录 2　醋酸-水二元系气液平衡数据的关联

在处理含有醋酸-水的二元气液平衡问题时,若忽略了气相缔合计算活度,关联往往失败,此时活度系数接近于1,恰似一个理想的体系,但它却不能满足热力学一致性。如果考虑在醋酸的气相中有单分子、两分子和三分子的缔合体共存,而液相中仅考虑单分子体的存在,在此基础上用缔合平衡常数对表观蒸气组成的蒸气压修正后,计算出液相的活度系数,这样计算的结果就能符合热力学一致性,并且能将实验数据进行关联。

为了便于计算,我们介绍一种简化的计算方法。

首先,考虑纯醋酸的气相缔合。认为醋酸在气相部分发生二聚而忽略三聚。因此,气相中实际上是单分子体与二聚体共存,它们之间有一个反应平衡关系,即:

$$2HAc \Longrightarrow (HAc)_2$$

缔合平衡常数为:

$$K_2 = \frac{P_2}{P_1^2} = \frac{\eta_2}{P\eta_1^2} \tag{3-1}$$

式中:η_1、η_2 为气相醋酸的单分子体和二聚体的真正摩尔分数。由于液相不存在二聚体,所以气体的压强是单体和二聚体的总压,而醋酸的逸度则是指单分子的逸度,气相中单体的摩尔分数为 η_1,而醋酸逸度是校正压强,应为:

$$f_A = P\eta_1$$

η_1 与 n_1、n_2 的关系如下:

$$\eta_1 = \frac{n_1}{n_1 + n_2}$$

现在考虑醋酸-水的二元溶液,不计入 H_2O 与 HAc 的交叉缔合,则气相就有三个组成:HAc、$(HAc)_2$、H_2O。所以有:

$$\eta_1 = \frac{n_1}{n_1 + n_2 + n_{H_2O}}$$

气相的表观组成和真实组成之间有下列关系:

$$y_A = \frac{(n_1 + 2n_2)/n_{总}}{(n_1 + 2n_2 + n_{H_2O})/n_{总}} = \frac{n_1 + 2n_2}{n_1 + 2n_2 + n_{H_2O}}$$

将 $n_1 + n_2 + n_{H_2O} = 1$ 的关系代入上式,得:

$$y_A = \frac{\eta_1 + 2\eta_2}{1 + \eta_2} \tag{3-2}$$

式(3-1)和(3-2)经整理后得:

$$K_2 P\eta_1^2 (2 - y_A) + \eta_1 - y_A = 0$$

用一元二次方程解法求出 η_1,便可求得 η_2 和 η_{H_2O}。

$$\eta_2 = K_2 P\eta_1^2$$

$$\eta_{H_2O} = 1 - (\eta_1 + \eta_2)$$

醋酸的缔合平衡常数与温度的关系如下:

$$\lg K_2 = -10.4205 + \frac{3166}{T}$$

由组分逸度的定义得:

$$\hat{f}_A = Py_A\hat{\varphi}_A = P\eta_1$$

$$\hat{\varphi}_A = \frac{\eta_1}{y_A}$$

$$\hat{\varphi}_{H_2O} = \frac{\eta_{H_2O}}{y_{H_2O}}$$

对于纯醋酸，$y_A = 1$，$\varphi_A^0 = \eta_1^0$；因低压下的水蒸气可视作理想气体，故 $\varphi_{H_2O}^0 = 1$，其中 η_1^0 可根据纯物质的缔合平衡关系求出：

$$K_2 = \frac{\eta_2^0}{P \cdot (\eta_1^0)^2}$$

$$\eta_1^0 + \eta_2^0 = 1$$

$$K_2 P_A^0 \cdot (\eta_1^0)^2 + \eta_1^0 - 1 = 0$$

解一元二次方程可得 η_1^0。

利用气液平衡时组分在气液二相的逸度相等的原理，可求出活度系数 γ_i。

$$P\eta_i = P_i^0 \eta_i^0 x_i \gamma_i$$

即

$$\gamma_{HAc} = \frac{P\eta_1}{P_{HAc}^0 \eta_1^0 x_{HAc}}$$

$$\gamma_{H_2O} = \frac{P\eta_{H_2O}}{P_{H_2O}^0 x_{H_2O}}$$

式中的饱和蒸气压 P_{HAc}^0、$P_{H_2O}^0$ 可由下面两式得：

$$\lg P_{HAc}^0 = 7.1881 - \frac{1416.7}{t + 211}$$

$$\lg P_{H_2O}^0 = 7.9187 - \frac{1636.909}{t + 224.92}$$

实验 2　液液传质系数的测定

A　实验目的

(1) 掌握用刘易斯池测定液液传质系数的实验方法。

(2) 测定醋酸在水与醋酸乙酯中的传质系数。

(3) 探讨流动情况、物系性质对液液界面传质的影响机理。

B　实验原理

实际萃取设备效率的高低，以及怎样才能提高其效率，是人们十分关心的问题。为了解决这些问题，必须研究影响传质速率的因素和规律，以及探讨传质过程的机理。

近几十年来，人们虽已对两相接触界面的动力学状态、物质通过界面的传递机理和相界面对传递过程的阻力等问题进行了研究，但由于液液间传质过程的复杂性，许多问题还没有得到满意的解答，有些工程问题不得不借助于实验的方法或凭经验进行处理。

工业设备中，常将一种液相以滴状分散于另一液相中进行萃取。但当流体流经填料、筛板等内部构件时，会引起两相高度的分散和强烈的湍动，传质过程和分子扩散变得复杂，再加上液滴的凝聚与分散，流体的轴向返混等影响传质速率，如两相实际接触面积、传质推动力都难以确定。因此，在实验研究中，常将过程进行分解，采用理想化和模拟的方法进行处理。1954 年,刘易斯(Lewis)提出用一个恒定界面的容器研究液液传质的方法,它能在给定界面面积的情况下,分别控制两相的搅拌强度,以造成一个相内全混、界面无返混的理想流动状况,因而不仅明显地改善了设备内流体力学条件及相际接触状况,而且不存在因液滴的形成与凝聚而造成端效应的麻烦。本实验即采用改进型的刘易斯池进行实验。由于刘易斯池具有恒定界面的特点,当实验在给定搅拌速度及恒定的温度下,测定两相浓度随时间的变化关系,就可借助物料衡算及速率方程获得传质系数。

$$-\frac{V_\mathrm{w}}{A} \cdot \frac{\mathrm{d}C_\mathrm{w}}{\mathrm{d}t} = K_\mathrm{w}(C_\mathrm{w} - C_\mathrm{w}^*) \tag{3-3}$$

$$\frac{V_\mathrm{O}}{A} \cdot \frac{\mathrm{d}C_\mathrm{O}}{\mathrm{d}t} = K_\mathrm{O}(C_\mathrm{O}^* - C_\mathrm{O}) \tag{3-4}$$

若溶质在两相的平衡分配系数 m 可近似地取为常数,则:

$$C_\mathrm{w}^* = \frac{C_\mathrm{O}}{m}$$

$$C_\mathrm{O}^* = mC_\mathrm{w}$$

式(3-3)、(3-4)中的 $\dfrac{\mathrm{d}C}{\mathrm{d}t}$ 值可通过将实验数据进行曲线拟合后求导数取得。

若将实验系统达平衡时的水相浓度 C_w^e 和有机相浓度 C_O^e 替换式(3-3)、式(3-4)中的 C_w^* 和 C_O^*,则对上两式积分可推出下面的积分式:

$$K_\mathrm{w} = \frac{V_\mathrm{w}}{At} \int_{C_\mathrm{w}(0)}^{C_\mathrm{w}(t)} \frac{\mathrm{d}C_\mathrm{w}}{C_\mathrm{w}^\mathrm{e} - C_\mathrm{w}} = \frac{V_\mathrm{w}}{At} \ln \frac{C_\mathrm{w}^\mathrm{e} - C_\mathrm{w}(t)}{C_\mathrm{w}^\mathrm{e} - C_\mathrm{w}(0)}$$

$$K_\mathrm{O} = \frac{V_\mathrm{O}}{At} \int_{C_\mathrm{O}(0)}^{C_\mathrm{O}(t)} \frac{\mathrm{d}C_\mathrm{O}}{C_\mathrm{O}^\mathrm{e} - C_\mathrm{O}} = \frac{V_\mathrm{O}}{At} \ln \frac{C_\mathrm{O}^\mathrm{e} - C_\mathrm{O}(t)}{C_\mathrm{O}^\mathrm{e} - C_\mathrm{O}(0)}$$

以 $\ln \dfrac{C_\mathrm{O}^\mathrm{e} - C_\mathrm{O}(t)}{C_\mathrm{O}^\mathrm{e} - C_\mathrm{O}(0)}$ 对 t 作图,从斜率也可获得传质系数。

求得传质系数后,就可讨论流动情况、物系性质等对传质速率的影响。由于液液相际的传质远比气液相际的传质复杂,若用双膜模型处理液液相的传质,可假定:① 界面是静止不动的,在相界面上没有传质阻力,且两相呈平衡状态;② 紧靠界面两侧是两层滞流液膜;③ 传质阻力是由界面两侧的两层阻力叠加而成;④ 溶质靠分子扩散进行传递。但结果常出现较大的偏差,这是由于实际上相界面往往是不平静的,除了主流体中的漩涡分量时常会冲到界面上外,有时还因为流体流动的不稳定,界面本身也会产生骚动而使传质速率增加好多倍。另外,微量表面活性物质的存在又可使传质速率减少。关于产生界面现象和界面不稳定的原因有关文献已有报道,大致分为:

(1) 界面张力梯度导致的不稳定性。在相界面上由于浓度的不完全均匀,因此界面张力也有差异。这样,界面附近的流体就开始从张力低的区域向张力较高的区域运动,正是界面附近界面张力的随机变化导致相界面上发生强烈的漩涡现象。这种现象称为 Marangoni 效应。根据物系的性质和操作条件的不同,又可分为规则型和不规则型界面运动。前者是与静止的液体性质有关,又称 Marangoni 不稳定性。后者与液体的流动或强制对流有关,又称瞬时骚动。

(2) 密度梯度引起的不稳定性。除了界面张力会导致流体的不稳定性外,一定条件下密度梯度的存在,界面处的流体在重力场的作用下也会产生不稳定,即所谓的 Taylar 不稳定。这种现象对界面张力导致的界面对流有很大的影响。稳定的密度梯度会把界面对流限制在界面附近的区域。而不稳定的密度梯度会产生离开界面的漩涡,并且使它渗入主体相中去。

（3）表面活性剂的作用。表面活性剂是降低液体界面张力的物质,只要很低的浓度,它就会积聚在相界面上,使界面张力下降,造成物系的界面张力与溶质浓度的关系比较小,或者几乎没有什么关系,这样就可抑制界面不稳定性的发展,制止界面湍动。另外,表面活性剂在界面处形成吸附层时,有时会产生附加的传质阻力,减小了传质系数。

C　预习与思考

（1）为何要研究液液传质系数?

（2）理想化液液传质系数实验装置有何特点?

（3）由刘易斯池测定的液液传质系数用到实际工业设备设计时还应考虑哪些因素?

（4）物系性质对液液传质系数是如何影响的?

（5）根据物性数据表,确定醋酸向哪一方向的传递会产生界面湍动,并说明原因。

（6）了解实验目的,明确实验步骤,制订实验计划。

（7）设计原始数据记录表。

D　实验装置与流程

实验所用的刘易斯池,如图 3-3 所示。它是由一段内径为 0.1m,高为 0.12m,壁厚为 8×10^{-3}m 的玻璃圆筒构成。池内体积约为 900mL,用一块聚四氟乙烯制成的界面环（环上每个小孔的面积为 3.8cm^2）把池隔成大致等体积的两隔室。每隔室的中间部位装有互相独立的六叶搅拌桨。在搅拌桨的四周各装设六叶垂直挡板,其作用在于防止在较高的搅拌强度下造成界面的扰动。两搅拌桨由一直流侍服电机通过皮带轮驱动。一光电传感器监测着搅拌桨的转速,并装有可控硅调速装置,可方便地调整转速。两液相的加料经高位槽注入池内,取样通过上法兰的取样口进行。另设恒温夹套,以调节和控制池内两相的温度,为防止取样后,实际传质界面发生变化,在池的下端配有一升降台,以随时调节液液界面处于界面环中线处。

实验流程见图 3-4。

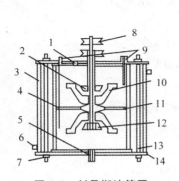

图 3-3　刘易斯池简图

1-进料口;2-上搅拌桨;3-夹套;4-玻璃筒;5-出料口;6-恒温水接口;7-衬垫;8-皮带轮;9-取样口;10-垂直挡板;11-界面杯;12-搅拌桨;13-拉杆;14-法兰

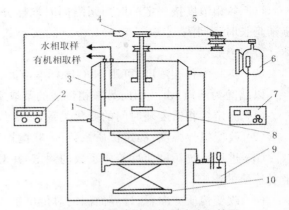

水相取样
有机相取样

图 3-4　液液传质系数实验流程简图

1-刘易斯池;2-测速仪;3-恒温夹套;4-光电传感器;5-传动装置;6-直流电机;7-调速器;8-搅拌桨;9-恒温槽;10-升降台

E　实验步骤与方法(包括分析方法)

本实验所用的物系为水-醋酸-乙酸乙酯。有关该系统的物性数据和平衡数据列于表 3-2 和表 3-3。

表 3-2　纯物系性质表

物系	$\mu/(\times 10^{-5}\,Pa/S)$	$\sigma/(N/m)$	$\rho/(kg/m^3)$	$D/(\times 10^{-9}\,m^2/S)$
水	100.42	72.67	997.1	1.346
醋酸	130.0	23.90	1049	
乙酸乙酯	48.0	24.18	901	3.69

表 3-3　25℃醋酸在水相与酯相中的平衡浓度

酯相	0.0	2.50%	5.77%	7.63%	10.17%	14.26%	17.73%
水相	0.0	2.90%	6.12%	7.95%	10.13%	13.82%	17.25%

实验时应注意以下几个方面:

(1) 装置在安装前,先用丙酮清洗池内各个部位,以防表面活性剂污染了系统。

(2) 将恒温槽温度调整到实验所需的温度。

(3) 加料时,不要将两相的位置颠倒,即较重的一相先加入,然后调节界面环中心线的位置与液面重合,再加入第二相。第二相加入时应避免产生界面骚动。

(4) 启动搅拌桨约 30min,使两相互相饱和,然后由高位槽加入一定量的醋酸。因溶质传递是从不平衡到平衡的过程,所以当溶质加完后就应开始计时。

(5) 溶质加入前,应预先调节好实验所需的转速,以保证整个过程处于同一流动条件下。

(6) 各相浓度按一定的时间间隔同时取样分析。开始应隔 3~5min 取样一次,以后可逐渐延长时间间隔,当取了 8~10 个点的实验数据以后,实验结束,停止搅拌,放出池中液体,洗净待用。

(7) 实验中各相浓度,可用 NaOH 标准溶液分析滴定醋酸含量。

以醋酸为溶质,由一相向另一相传递的萃取实验可进行以下内容:

(1) 测定各相浓度随时间的变化关系,求取传质系数。

(2) 改变搅拌强度,测定传质系数,关联搅拌速度与传质系数的关系。

(3) 进行系统污染前后传质系数的测定,并对污染前后实验数据进行比较,解释系统污染对传质的影响。

(4) 改变传质方向,探讨界面湍动对传质系数的影响程度。

(5) 改变相应的实验参数或条件,重复以上(2)、(3)、(4)的实验步骤。

F　实验数据处理

(1) 将实验结果列表,并标绘 C_O、C_W 对 t 的关系图。

（2）根据实验测定的数据，计算传质系数 K_W、K_O。

（3）$K_W - t$ 或 $K_O - t$ 作图。

G　结果与讨论

（1）讨论测定液液传质系数的意义。

（2）讨论界面湍动对传质系数的影响。

（3）讨论搅拌速度与传质系数的关系。

（4）解释系统污染对传质系数的影响。

（5）分析实验误差的来源。

（6）提出实验装置的修改意见。

H　主要符号说明

A——两相接触面积，m^2；

C——溶质浓度，kg/m^3；

D——扩散系数，m^2/s；

K——总传质系数，m/s；

m——平衡分配系数；

t——时间，s；

V——溶剂相体积，m^3；

ρ—密度，kg/m^3；

σ——表面张力，N/m；

下标 O——有机相；

下标 W——水相。

【参考文献】

　　[1] 乐清华. 化学工程与工艺专业实验[M]. 北京：化学工业出版社，2008.

　　[2] 李以圭，等. 化学工程手册[M]. 北京：化学工业出版社，1985.

实验 3　双驱动搅拌器测定气液传质系数

A　实验目的

　　气液传质系数是设计计算吸收塔的重要数据。工业上应用气液传质设备的场合非常多，而且处理物系又各不相同，加上传质系数很难完全用理论方法计算得到，因此最可靠的方法就是借用实验手段得到。测定气液传质系数的实验设备多种多样，而且都具有各自的优缺点。本实验所采用的双驱动搅拌吸收器不但可用以测定传质系数，而且可用以研究气液传质机理。本实验的目的是通过了解双驱动搅拌吸收器的特点，明了该设备的使用场合以及测定气液传质系数的方法,进而对气液传质过程有进一步的了解。

B 实验原理

气液传质过程中由于物系不同,其传质机理可能也不相同。被吸收组分从气相传递到液相的整个过程取决于发生在气液界面两侧的扩散过程以及在液相中的化学反应过程,化学反应又影响组分在液相中的传递。化学反应的条件、结果各不相同,影响组分在液相中传递的程度也不同,通常化学反应是促进了被吸收组分在液相中的传递。或者将这个过程的传质阻力分成气膜阻力与液膜阻力,就需要了解整个传质过程中哪一个是传质的主要阻力,进而采取一定的措施,或者提高某一相的运动速度,或者采用更有效的吸收剂,从而提高传质的速率。

气膜阻力为主的系统、液膜阻力为主的系统或者气膜阻力与液膜阻力相近的系统在实际操作中都会存在,在开发吸收过程中要了解某系统的吸收传质机理必须在实验设备上进行研究。双驱动搅拌吸收器的主要特点是气相与液相搅拌是分别控制的,搅拌速度可以分别调节,所以适应面较宽。可以通过分别改变气、液相转速测定吸收速率来判断其传质机理,也可以通过改变液相或气相的浓度来测定气膜一侧的传质速率或液膜一侧的传质速率。

测定某条件下的气液传质系数时,必须采取切实可行的方法测出单位时间单位面积的传质量,并通过操作条件及气液平衡关系求出传质推动力,由此来求得气液传质系数。传质量的计算可以通过测定被吸收组分进搅拌吸收器的量与出吸收器的量之差求得,或是通过测定搅拌吸收器里的吸收液中被吸收组分的起始浓度与最终浓度之差值来确定。

本实验以热碳酸钾吸收二氧化碳作为系统。该系统是一个伴有化学反应的吸收过程:

$$K_2CO_3 + CO_2 + H_2O \Longrightarrow 2KHCO_3$$

CO_2 从气相主体扩散到气液界面,在液相界面与 K_2CO_3 进行化学反应,并扩散到液相主体中去。由于 CO_2 在 K_2CO_3 的溶液中的反应为快速反应,使原来液膜控制的过程有所改善。若气膜阻力可以忽略时,吸收速率的公式可写成:

$$N_{CO_2} = \beta K_L (C_A^* - C_{AL})$$

或

$$N_{CO_2} = \beta K_G H_{CO_2} (P_A - P_{AL}^*)$$

$$N_{CO_2} = K(P_A - P_{AL}^*)$$

式中：N_{CO_2} 为单位时间单位面积传递的 CO_2 量;

　　　β 为增大因子;

　　　K_L 为液相传质系数;

　　　K_G 为气相传质系数;

　　　C_A^* 为气相中 CO_2 分压的平衡浓度;

　　　C_{AL} 为液相中的 CO_2 浓度;

　　　H_{CO_2} 为 CO_2 的溶解度系数;

　　　P_A 为 CO_2 分压,为总压与吸收液面上饱和水蒸气压之差;

　　　P_{AL}^* 为吸收液上 CO_2 的平衡分压;

　　　K 为 K_2CO_3 吸收 CO_2 的气液传质系数。

实验中以钢瓶装 CO_2 作气源,经过稳压,控制气体流量,增湿后进入双驱动搅拌吸收器,气体为连续流动,吸收液固定在吸收器内,操作一定的时间后取得各项数据,可计算出 K 值,此为一个平均值。

CO_2 在整个吸收过程的传质量可用 K_2CO_3 中的 $KHCO_3$ 增加量来确定,即可用酸解法来得到,从 1mL 吸收液在吸收前、后所持有 CO_2 量的差可以确定 CO_2 总吸收量(操作方法见实验步骤)。

吸收过程在 60℃ 下操作,使用 1.2mol/L 的 K_2CO_3 吸收液,它的平衡分压可用下式计算:

$$P_{CO_2}^* = 1.98 \times 10^8 \times C^{0.4} \left(\frac{f^2}{1-f} \right) \exp\left(\frac{8160}{T} \right)$$

式中:$P_{CO_2}^*$ 为 CO_2 平衡分压(MPa);

C 为 K_2CO_3 的浓度(mol/L);

T 为吸收温度(K);

f 为转化度(无因次),$f = \dfrac{C_{HCO_3^-}}{2C_{CO_3^{2-}} + C_{HCO_3^-}}$。

60℃ 时热钾碱上水蒸气分压较大,从总压中扣除水蒸气分压后才是界面上 CO_2 的分压。60℃ 碱液上水蒸气分压可按下式计算:

$$P_W = 0.01751(1 - 0.3 \times f)$$

式中:P_W 为水蒸气分压(MPa)。

吸收液的起始转化度和终了转化度均可用酸碱滴定法求取。

为了考察其他物系在不同操作条件下对吸收速率的影响,可以分别改变气相的搅拌速度与液相的搅拌速度,测得传质系数后进行综合比较,确定系统的传质的情况。

C　预习与思考

(1) 本实验需要记录哪些数据? 如何求取 N_{CO_2}、P_A、P_{AL}^*?

(2) 本实验测定过程中的误差来源是什么?

(3) 本实验用纯 CO_2 有什么目的?

(4) 实验前为何要用 CO_2 排代实验装置中的空气?

(5) 气体进入吸收器前为何要用水饱和器?

(6) 气体稳压管的作用是什么?

(7) 实验时测定大气压有何用处?

(8) 酸解出的 CO_2 为何要同时测定温度?

D　实验装置与流程

如图 3-5 所示,气体从钢瓶经减压阀送出,经稳压管稳压后由气体调节阀 4 调节适当流量,用皂膜流量计计量后进入气体增湿器 6,饱和器放置在超级恒温槽内,双驱动搅拌吸收器 7 的吸收温度也由恒温槽控制,增湿的气体从吸收器中部进入,与吸收液接触后从上部出口引出,出口气体经另一皂膜流量计后放空。

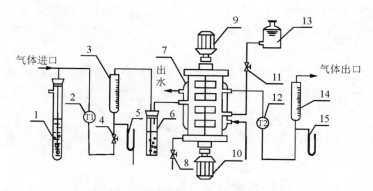

图 3-5　双驱动搅拌器实验流程示意图

1-气体稳压管；2、12-气体温度计；3、14-皂膜流量计；4-气体调节阀；5、15-压差计；6-气体增湿器；7-双驱动搅拌吸收器；8-吸收液取样阀；9、10-直流电机；11-弹簧夹；13-吸收剂瓶

　　双驱动搅拌吸收器是一个气液接触界面已知的设备，气相搅拌轴与液相搅拌轴都与各自的磁钢相连接，搅拌浆的转速分别通过可控硅直流调速器调节。吸收器中液面的位置应控制在距液相搅拌浆上浆的下缘 1mm 左右，以保证浆叶转动时正好刮在液面上，以达到更新表面的目的。吸收液从吸收剂瓶一次准确加入。

E　实验步骤与方法

1. 实验操作步骤

（1）开启总电源。开启超级恒温槽，将恒温水调节到需要的温度。

（2）关闭气体调节阀，开启 CO_2 钢瓶阀，缓慢开启减压阀，观察稳压管内的鼓泡情况，再开气体调节阀并通过皂膜流量计调节到适当流量，并让 CO_2 置换装置内的空气。调节气相及液相搅拌转速至指定值附近。

（3）待恒温槽达到所需温度，排代空气置换完全，进入吸收器的气体流量适宜且气体稳压管里有气泡冒出，此时可向吸收器内加吸收液，使吸收剂的液面与液相搅拌器上面一个浆叶的下缘相切。吸收液要一次准确加入。液相的转速不能过大，以防液面波动造成实验误差过大。此时记为吸收过程开始的"零点"。

（4）吸收 2h，从吸收液取样阀 8 中迅速放出吸收液，用 250mL 量筒接取，并精确量出吸收液体积。

（5）用酸解法分析初始及终了的吸收液中 CO_2 的含量。

（6）关闭吸收液取样阀、气体调节阀、CO_2 减压阀、钢瓶阀，关闭超级恒温槽的电源，使气液相转速回"零"，关闭两个转速表开关，关闭总电源。采取有效措施防止压强计上的水柱倒灌。

2. 酸解法分析吸收液中 CO_2 含量

（1）原理：热钾碱与 H_2SO_4 反应放出 CO_2，用量气管测量 CO_2 体积，即可求出溶液的转化度。反应式为：

$$K_2CO_3 + H_2SO_4 == K_2SO_4 + CO_2 \uparrow + H_2O$$

$$2KHCO_3 + H_2SO_4 == K_2SO_4 + CO_2 \uparrow + 2H_2O$$

（2）仪器与试剂：

① 仪器装置：反应瓶连接有量气管，其中反应瓶分为内瓶和外瓶。

② 1mL 移液管 1 支，5mL 移液管 1 支。

③ 3mol/L H_2SO_4。

（3）分析操作及计量：准确吸取吸收液 1mL，置于反应瓶的内瓶中，用 5mL 移液管移 5mL 3mol/L H_2SO_4 于反应瓶的外瓶内，提高水准瓶，使液面升至量气管的上刻度处，塞紧瓶塞，使其不漏气后，调整水准瓶的高度，使水准瓶的液面与量气管内液面相平，记下量气管的读数 V_1。摇动反应瓶使 H_2SO_4 与碱液充分混合，反应完全（无气泡发生），再记下量气管的读数 V_2。可计算出吸收液中 CO_2 含量。溶液中：

$$V_{CO_2}(mL/mL\ 碱液) = (V_2 - V_1) \cdot \varphi$$

$$\varphi = \frac{273.2}{T} \cdot \frac{(P - P_{H_2O})}{101.3}$$

式中：V_{CO_2} 为 1mL 吸收液含 CO_2 的体积（mL/mL）；

φ 为校正系数；

P 为大气压（kPa）；

T 为酸解时器内 CO_2 温度（K）；

P_{H_2O} 为 t℃时的饱和水蒸气压（kPa），$P_{H_2O} = 0.1333\exp[18.3036 - 3816.44/(T - 46.13)]$。

溶液转化度可按下式计算：

$$f = \frac{C_f}{C_f^0} - 1$$

式中：f 为吸收液的转化度，可用来计算吸收液上 CO_2 的平衡分压与水的饱和蒸气压；

C_f、C_f^0 分别为吸收后和吸收前 1mL 吸收液酸解后放出的 CO_2 校正后体积数（mL）。

F　实验数据处理

从记录的实验原始数据中逐项计算出单位时间、单位面积的 CO_2 传递量，换算成物质的量，以及从初始及终了吸收液的转化度算出吸收的推动力，求取平均推动力来计算气液传质系数，单位为 mol/(S·m²·MPa)。

对在不同的液相转速下取得的 K 值进行综合比较，并得出结论。

【参考文献】

[1] 乐清华. 化学工程与工艺专业实验[M]. 北京：化学工业出版社，2008.

[2] 戴星，涂晋林，等. 二乙醇胺和氨基乙酸复合活化热钾碱脱碳研究[J]. 华东化工学院学报，1986，12(3)：273.

[3] 丁百全，孙杏元，等. 无机化工专业实验[M]. 上海：华东化工学院出版社，1991.

实验 4　变压吸附实验

A　实验目的

(1) 了解和掌握连续变压吸附过程的基本原理和流程。

(2) 了解和掌握影响变压吸附效果的主要因素。

(3) 了解和掌握碳分子筛变压吸附提纯氮气的基本原理。

(4) 了解和掌握吸附床穿透曲线的测定方法和目的。

B　实验原理

利用多孔固体物质的选择性吸附分离和净化气体或液体混合物的过程称为吸附分离。吸附过程得以实现的基础是固体表面过剩能的存在,这种过剩能可通过范德华力的作用吸引物质附着于固体表面,也可通过化学键合力的作用吸引物质附着于固体表面,前者称为物理吸附,后者称为化学吸附。一个完整的吸附分离过程通常是由吸附与解吸(脱附)循环操作构成。由于实现吸附和解吸操作的工程手段不同,吸附过程分变压吸附和变温吸附。变压吸附是通过调节操作压力(加压吸附、减压解吸)完成吸附与解吸的操作循环。变温吸附则是通过调节温度(降温吸附、升温解吸)完成循环操作。变压吸附主要用于物理吸附过程。变温吸附主要用于化学吸附过程。本实验以空气为原料,以碳分子筛为吸附剂,通过变压吸附的方法分离空气中的氮气和氧气,达到提纯氮气的目的。

物质在吸附剂(固体)表面的吸附必须经过两个过程:一是通过分子扩散到达固体表面;二是通过范德华力或化学键合力的作用吸附于固体表面。因此,要利用吸附实现混合物的分离,被分离组分必须在分子扩散速率或表面吸附能力上存在明显差异。

碳分子筛吸附分离空气中 N_2 和 O_2 就是基于两者在扩散速率上的差异。N_2 和 O_2 都是非极性分子,分子直径十分接近(O_2 为 0.28nm,N_2 为 0.3nm),由于两者的物性相近,与碳分子筛表面的结合力差异不大,因此,从热力学(吸收平衡)角度看,碳分子筛对 N_2 和 O_2 的吸附并无选择性,难以使两者分离。然而,从动力学角度看,由于碳分子筛是一种速率分离型吸附剂,N_2 和 O_2 在碳分子筛微孔内的扩散速度存在明显差异,如:35℃时,O_2 的扩散速度为 2.0×10^6,O_2 的速度比 N_2 快 30 倍,因此当空气与碳分子筛接触时,O_2 将优先吸附于碳分子筛而从空气中分离出来,使得空气中的 N_2 得以提纯。由于该吸附分离过程是一个速率控制的过程,因此,吸附时间的控制(即吸附-解吸循环速率的控制)非常重要。当吸附剂用量、吸附压力、气体流速一定时,适宜的吸附时间可通过测定吸附柱的穿透曲线来确定。

所谓穿透曲线就是出口流体中被吸附物质(即吸附质)的浓度随时间的变化曲线。典型的穿透曲线如图 3-6 所示。由图可见,吸附质的出口浓度变化呈 S 形曲线。在曲线的下拐点(a 点)之前,吸附质的浓度基本不变(控制在要求的浓度之下),此时,出口产品是合格的。越过下拐点(a 点)之后,吸附质的浓度随时间的增加而增加,到达上拐点(b 点)后趋于进口浓度,此时,床层已趋于饱和。通常将下拐点(a 点)称为穿透点,上拐点(b 点)称为饱和点。

通常将出口浓度达到进口浓度的 95% 的点确定为饱和点,而穿透点的浓度应根据产品质量要求来定,一般略高于目标值。本实验要求 N_2 的浓度 $\geqslant 97\%$,即出口 O_2 的浓度 $\leqslant 3\%$,因此,将穿透点定为 O_2 浓度在 $2.5\% \sim 3.0\%$。

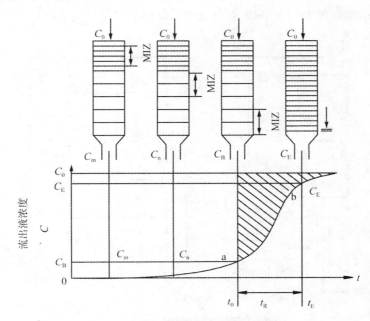

图 3-6　恒温固定床吸附器的穿透曲线

　　为确保产品质量,在实际生产中吸附柱有效工作区应控制在穿透点之前,因此,穿透点(a 点)的确定是吸附过程研究的重要内容。利用穿透点对应的时间(t_0)可以确定吸附装置的最佳吸附操作时间和吸附剂的动态吸附容量,而动态吸附容量是吸附装置设计放大的重要依据。

　　动态吸附容量的定义为:从吸附开始直至穿透点(a 点)的时段内,单位重量的吸附剂对吸附质的吸附量(即:吸附质的质量/吸附剂质量或体积)。

$$动态吸附容量 \ G = \frac{V t_0 (C_0 - C_B)}{W}$$

式中:V 为空气的体积流量或质量流量(L/s 或 kg/s);

　　　　t_0 为氧气浓度刚出现不合要求的时间(s);

　　　　C_0 为初始空气中氧气浓度(%);

　　　　C_B 为产品中氧气允许的最高浓度(%);

　　　　W 为吸附剂的体积或质量(m^3 或 kg)。

C　预习与思考

　　(1) 碳分子筛变压吸附提纯氮气的原理是什么?

　　(2) 本实验为什么采用变压吸附而非变温吸附?

　　(3) 如何通过实验来确定本实验装置的最佳吸附时间?

　　(4) 吸附剂的动态吸附容量是如何确定的? 必须通过实验测定哪些参数?

　　(5) 本实验为什么不考虑吸附过程的热效应? 哪些吸附过程必须考虑热效应?

D　实验装置与流程

变压吸附装置(图 3-7)是由两根可切换操作的吸附柱(A 柱、B 柱)构成,吸附柱尺寸为 $\phi 36mm \times 450mm$,吸附剂为碳分子筛,各柱碳分子筛的装填量为 247g。

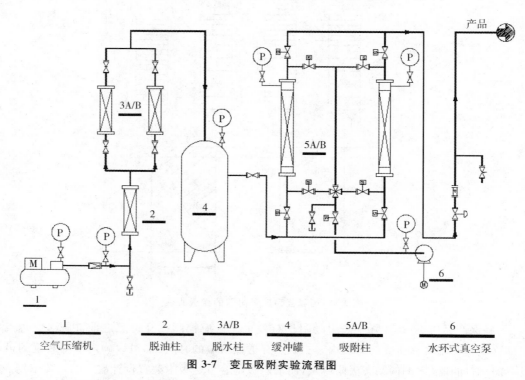

1	2	3A/B	4	5A/B	6
空气压缩机	脱油柱	脱水柱	缓冲罐	吸附柱	水环式真空泵

图 3-7　变压吸附实验流程图

来自空压机的原料空气经脱油器脱油和硅胶脱水后进入吸附柱,气流的切换通过电磁阀由计算机在线自动控制。在计算机控制面板上,有两个可自由设定的时间窗口 K1、K2,所代表的含义分别为:K1 表示吸附和解吸的时间(注:吸附和解吸在两个吸附柱中分别进行)。K2 表示吸附柱充压和串联吸附操作的时间。

解吸过程分为两步:首先是常压解吸,随后进行真空解吸。

气体分析:出口气体中的 O_2 含量通过 CYES-II 型氧气分析仪测定。

E　实验步骤与方法

(1) 实验准备:检查压缩机、真空泵、吸附设备和计算机控制系统之间的连接是否到位,氧分析仪是否校正,15 支取样针筒是否备齐。

(2) 接通压缩机电源,开启吸附装置上的电源。

(3) 开启真空泵上的电源开关,然后在计算机面板上启动真空泵。

(4) 调节压缩机出口稳压阀,使输出压强稳定在 0.5MPa(表压 0.4MPa)。

(5) 调节气体流量阀,将流量控制在 3.0L/h 左右。

(6) 将计算机面板上的时间窗口分别设定为:K1＝600s,K2＝5s,按下设定框下方的开始按钮,系统运行 30min 后,开始测定穿透曲线。

（7）穿透曲线测定方法：系统运行 30min 后，观察计算机操作屏幕，从操作状态进入 K1 的瞬间开始，迅速按下面板上的计时按钮，然后每隔 1min 用针筒在取样口处取样分析一次（若 K1＝600s，取 10 个样），记录取样时间与样品氧含量的关系，同时记录吸附压强、温度和气体流量。

取样注意事项：

① 每次取样 8～10mL，将针筒对准取样口，取样阀旋钮可调节气速大小。

② 取样后将针筒拔下，迅速用橡皮套封住针筒的开口处，以免空气渗入，影响分析结果。

（8）改变气体流量，将流量提高到 6.0L/h，然后重复（6）和（7）步操作。

（9）调节压缩机出口气体减压阀，将气体压强升至 0.7MPa（表压 0.6MPa），重复第（5）到第（7）步操作。

（10）停车步骤

① 先按下 K1、K2 设定框下方的停止操作按钮，将时间参数重新设定为：K1＝120s，K2＝5s，然后按下设定框下方的开始按钮，让系统运行 10～15min。

② 系统运行 10～15min 后，按下计算机面板上的停止操作按钮，停止吸附操作。

③ 在计算机控制面板上关闭真空泵，然后关闭真空泵上的电源。

④ 关闭压缩机电源。

F　实验数据处理

（1）实验数据整理

将实验数据填入表 3-4～表 3-6。

表 3-4　穿透曲线测定数据记录表 1

吸附温度 $T=$ _____℃　压强 $P=$ _____MPa　气体流量 $V=$ _____L/h

吸附时间/s	出口氧含量/%	吸附时间/s	出口氧含量/%
1		6	
2		7	
3		8	
4		9	
5		10	

表 3-5　穿透曲线测定数据记录表 2

吸附温度 $T=$ _____℃　压强 $P=$ _____MPa　气体流量 $V=$ _____L/h

吸附时间/s	出口氧含量/%	吸附时间/s	出口氧含量/%
1		6	
2		7	
3		8	
4		9	
5		10	

表 3-6　穿透曲线测定数据记录表 3

吸附温度 $T=$ _____℃　压强 $P=$ _____MPa　气体流量 $V=$ _____L/h

吸附时间/s	出口氧含量/%	吸附时间/s	出口氧含量/%
1		6	
2		7	
3		8	
4		9	
5		10	

（2）实验数据整理

① 根据实验数据，在同一张图上标绘两种气体流量下的吸附穿透曲线。

② 若将出口氧气浓度为 3.0% 的点确定为穿透点，请根据穿透曲线确定不同操作条件下穿透点出现的时间 t_0，记录于表 3-7。

表 3-7　不同条件下穿透时间

吸附压强/MPa	吸附温度/℃	实际气体流量/(L/h)	穿透时间/min

③ 根据表 3-7 计算不同条件下的动态吸附容量，将计算结果填入表 3-8。

$$G = \frac{V_N \times \dfrac{29}{22.4} \times t_0 \times (y_0 - y_B)}{W}$$

$$V_N = \frac{T_0 \times P}{T \times P_0} \times V$$

表 3-8　不同条件下的动态吸附容量计算结果

吸附压强/MPa	吸附温度/℃	实际气体流量/(L/h)	穿透时间/min	动态吸附容量/(g氧气/g吸附剂)

G　结果与讨论

（1）在本装置中，一个完整的吸附循环包括哪些操作步骤？

（2）气体的流速对吸附剂的穿透时间和动态吸附容量有何影响？为什么？

（3）吸附压强对吸附剂的穿透时间和动态吸附容量有何影响？为什么？

（4）根据实验结果，你认为本实验装置的吸附时间应该控制在多少合适？

（5）该吸附装置在提纯氮气的同时,还具有富集氧气的作用,如果实验目的是为了获得富氧,实验装置及操作方案应做哪些改动?

H　主要符号说明

A——吸附柱的截面积,cm^2;

C_0——吸附质的进口浓度,g/L;

C_B——穿透点处吸附质的出口浓度,g/L;

G——动态吸附容量(氧气质量/吸附剂体积),g/g;

P——实际操作压强,MPa;

P_0——标准状态下的压强,MPa;

T——实际操作温度,K;

T_0——标准状态下的温度,K;

V——实际气体流量,L/min;

V_N——标准状态下的气体流量,L/min;

t_0——达到穿透点的时间,s;

y_0——空气中氧气的浓度,%;

y_B——穿透点处氧气的出口浓度,%;

W——碳分子筛吸附剂的质量,g。

【参考文献】

[1] 乐清华.化学工程与工艺专业实验[M].北京:化学工业出版社,2008.

实验 5　单釜与三釜反应器中的返混测定

A　实验目的

（1）掌握停留时间分布的测定方法。
（2）了解停留时间分布与多釜串联模型的关系。
（3）了解模型参数 n 的物理意义及计算方法。

B　实验原理

本实验通过单釜与三釜反应器中停留时间分布的测定,将数据计算结果用多釜串联模型来定量返混程度,从而认识限制返混的措施。

在连续流动的反应器内,不同停留时间的物料之间的混合称为返混。返混程度的大小,一般很难直接测定,通常是利用测定物料停留时间分布来研究。然而测定不同状态的反应器内停留时间分布时,我们可以发现,相同的停留时间分布可以有不同的返混情况,即返混与停留时间分布不存在一一对应的关系,因此不能用停留时间分布的实验测定数据直接表示返混程度,而要借助于反应器数学模型来间接表达。

物料在反应器内的停留时间完全是一个随机过程,须用概率分布方法来定量描述。所用的概率分布函数为停留时间分布密度函数 $f(t)$ 和停留时间分布函数 $F(t)$。停留时间分布密度函数 $f(t)$ 的物理意义是:同时进入的 N 个流体粒子中,停留时间介于 t 到 $t+dt$ 间的流体粒子所占的百分率 dN/N 为 $f(t)dt$。停留时间分布函数 $F(t)$ 的物理意义是:流过系统的物料中停留时间小于 t 的物料的分率。

停留时间分布的测定方法有脉冲法、阶跃法等,常用的是脉冲法。当系统达到稳定后,在系统的入口处瞬间注入一定量 Q 的示踪物料,同时开始在出口流体中检测示踪物料的浓度变化。

由停留时间分布密度函数的物理含义,可知:

$$f(t)\,dt = \frac{VC(t)\,dt}{Q}$$

$$Q = \int_0^\infty VC(t)\,dt$$

所以:

$$f(t) = \frac{VC(t)}{\int_0^\infty VC(t)\,dt} = \frac{C(t)}{\int_0^\infty C(t)\,dt}$$

由此可见,$f(t)$ 与示踪剂浓度 $C(t)$ 成正比。因此,本实验中用水作为连续流动的物料,以饱和 KCl 作示踪剂,在反应器出口处检测溶液电导值。在一定范围内,KCl 浓度与电导值成正比,则可用电导值来表达物料的停留时间变化关系,即 $f(t) \propto L(t)$。

$$L(t) = L_t - L_\infty$$

式中:L_t 为 t 时刻的电导值;

L_∞ 为无示踪剂时的电导值。

停留时间分布密度函数 $f(t)$ 在概率论中有两个特征值:平均停留时间(数学期望)$\bar{t}$ 和方差 σ_t^2。

$\bar{t}$ 的表达式为:

$$\bar{t} = \int_0^\infty t f(t)\,dt = \frac{\int_0^\infty t C(t)\,dt}{\int_0^\infty C(t)\,dt}$$

采用离散形式表达,并取相同时间间隔 Δt,则:

$$\bar{t} = \frac{\sum [t C(t) \Delta t]}{\sum [C(t) \Delta t]} = \frac{\sum [t \cdot L(t)]}{\sum L(t)} \tag{3-5}$$

σ_t^2 的表达式为:

$$\sigma_t^2 = \int_0^\infty (t - \bar{t})^2 f(t)\,dt = \int_0^\infty t^2 f(t)\,dt - \bar{t}^2$$

也用离散形式表达,并取相同 Δt,则:

$$\sigma_t^2 = \frac{\sum [t^2 C(t)]}{\sum C(t)} - (\bar{t})^2 = \frac{\sum [t^2 L(t)]}{\sum L(t)} - \bar{t}^2 \tag{3-6}$$

若用无因次对比时间 θ 来表示,即 $\theta = t/\bar{t}$,无因次方差 $\sigma_\theta^2 = \sigma_t^2/\bar{t}^2$。

在测定了一个系统的停留时间分布后,如何来评价其返混程度,则需要用反应器模型来描述,这里我们采用的是多釜串联模型。

所谓多釜串联模型,是将一个实际反应器中的返混情况作为与若干个全混釜串联时的返混程度等效。这里的若干个全混釜个数 n 是虚拟值,并不代表反应器个数,n 称为模型参数。多釜串联模型假定每个反应器为全混釜,反应器之间无返混,每个全混釜体积相同,则可以推导得到多釜串联反应器的停留时间分布函数关系,并得到无因次方差 σ_θ^2 与模型参数 n 的关系为:

$$n = \frac{1}{\sigma_\theta^2} \qquad\qquad (3\text{-}7)$$

当 $n = 1, \sigma_\theta^2 = 1$,为全混釜特征;

当 $n \to \infty, \sigma_\theta^2 \to 0$,为平推流特征;

这里 n 是模型参数,是个虚拟釜数,并不限于整数。

C　预习与思考

(1) 为什么说返混与停留时间分布不是一一对应的? 为什么我们又可以通过测定停留时间分布来研究返混呢?

(2) 测定停留时间分布的方法有哪些? 本实验采用哪种方法?

(3) 何谓返混? 返混的起因是什么? 限制返混的措施有哪些?

(4) 何谓示踪剂? 有何要求? 本实验用什么作示踪剂?

(5) 模型参数与实验中反应釜的个数有何不同? 为什么?

D　实验装置与流程

实验装置如图 3-8 所示,由单釜与三釜串联两个系统组成。三釜串联反应器中,每个釜的体积为 1L,单釜反应器体积为 3L,用可控硅直流调速装置调速。实验时,水分别从两个转子流量计流入两个系统,稳定后在两个系统的入口处分别快速注入示踪剂,由每个反应釜出口处电导电极检测示踪剂浓度变化,并由记录仪自动录下来。

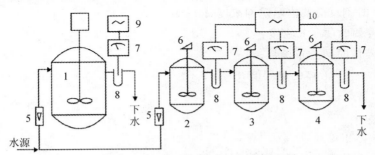

图 3-8　连续流动反应器返混实验装置图

1-全混釜(3L);2、3、4-全混釜(1L);5-转子流量计;6-电机;7-电导率仪;8-电导电极;9-记录仪;10-四笔记录仪或微机

E　实验步骤与方法

(1) 通水,开启水开关,让水注满反应釜,调节进水流量为 20L/h,保持流量稳定。

（2）通电，开启电源开关。

① 开记录仪，记下走纸速度。

② 开电导仪并调整好，以备测量。

③ 开动搅拌装置，转速应大于 300r/min。

（3）待系统稳定后，用注射器迅速注入示踪剂，在记录纸上作起始标记。

（4）当记录仪上显示的浓度在 2min 内觉察不到变化时，即认为终点已到。

（5）关闭仪器、电源、水源，排清釜中料液，实验结束。

F　实验数据处理

根据实验结果，我们可以得到单釜与三釜的停留时间分布曲线，这里的物理量——电导值 L 对应了示踪剂浓度的变化；走纸的长度方向对应了测定的时间，可以由记录仪走纸速度换算出来。然后用离散化方法，在曲线上相同时间间隔取点，一般可取 20 个数据点左右，再由公式（3-5）、（3-6）分别计算出各自的 $\bar{t}$ 和 σ_t^2，以及无因次方差 σ_θ^2。通过多釜串联模型，利用公式（3-7）求出相应的模型参数 n，随后根据 n 的数值大小，就可确定单釜和三釜系统的返混程度大小。

若采用微机数据采集与分析处理系统，则可直接由电导率仪输出信号至计算机，由计算机负责数据采集与分析，在显示器上画出停留时间分布动态曲线图，并在实验结束后自动计算平均停留时间、方差和模型参数。停留时间分布曲线图与相应数据均可方便地保存或打印输出，减少了手工计算的工作量。

G　结果与讨论

（1）计算出单釜与三釜系统的平均停留时间 $\bar{t}$，并与理论值比较，分析偏差原因。

（2）计算模型参数 n，讨论两种系统的返混程度大小。

（3）讨论一下如何限制返混或加大返混程度。

H　主要符号说明

$C(t)$——t 时刻反应器内示踪剂浓度，mol/L；

$f(t)$——停留时间分布密度；

$F(t)$——停留时间分布函数；

$L_t,L_\infty,L(t)$——液体的电导值，S/cm；

n——模型参数；

t——时间，s；

V——液体体积流量，L/s；

$\bar{t}$——数学期望或平均停留时间，s；

$\sigma_t^2,\sigma_\theta^2$——方差；

θ——无因次时间。

【参考文献】

［1］乐清华.化学工程与工艺专业实验［M］.北京：化学工业出版社，2008.

［2］陈甘棠. 化学反应工程［M］. 北京：化学工业出版社,1981.

［3］朱炳辰. 化学反应工程［M］. 北京：化学工业出版社,1998.

实验 6　多孔催化剂内气体扩散系数的测定

A　实验目的

（1）在常温常压下,测定 H_2、N_2 在多孔催化剂微孔中的气体扩散系数 $D_{N_2-H_2}$、$D_{H_2-N_2}$。

（2）了解扩散系数测定方法的选择依据,学习和掌握非稳态法测定扩散系数的方法。

B　实验原理

在气固催化反应系统中,有效扩散系数反映气体通过催化剂孔道的能力。内扩散不仅直接影响气固催化反应的速度和选择性,而且还对催化剂中毒与再生有重要影响,此外,内扩散系数还是建立气固催化反应器数学模型的重要参数。通过对催化剂颗粒内扩散的研究可为制备和改善催化剂结构等提供依据。

测定催化剂微孔内气体扩散系数有定常态和非定常态法两种方法。两者测定的基本形式是将单颗粒柱型催化剂置于如图 3-9 所示的扩散元中,催化剂与扩散元接触面用密封材料紧密固定,上、下室与外界密封,不能漏气。

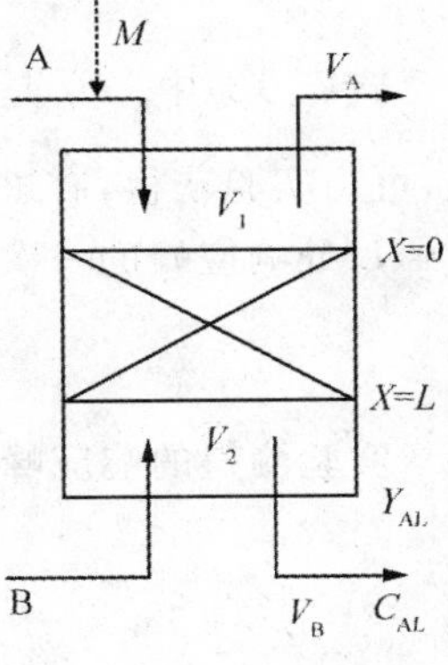

定常态法测定原理是：在扩散元的上、下室通入不同的气体 A 和 B,保持催化剂两端压力相等。由于物质在多孔催化剂中的传递属于分子扩散和努森（Knudsen）扩散,按费克（Fick）定律,其扩散通量为：

$$N_A = \frac{-D_{eA}P}{RTL} \times (Y_{AL} - Y_{A0}) \tag{3-8}$$

由物料衡算可得：

$$N_A = \frac{V_B P Y_{AL}}{FRT} \tag{3-9}$$

图 3-9　扩散元示意图

结合式（3-8）与式（3-9）可得扩散系数：

$$D_{eA} = \frac{L V_B Y_{AL}}{F(Y_{A0} - Y_{AL})}$$

只要测出扩散组分 A 在下室的摩尔分数 Y_{AL} 和通过下室的气体体积流量 V_B,就可计算出扩散系数 D_{eA}。

非定常态法测定原理是：在扩散元的上、下室通入同一种气体 B,某时刻 t,自上室脉冲加入气体 A,同时检测上、下室出口处气体 A 的浓度。

依据扩散机理,对不吸附的气体 A,通过催化剂单颗粒的扩散方程是：

$$\varepsilon_P \frac{\partial C_A(x,t)}{\partial t} = D_{eA-B} \frac{\partial^2 C_A(x,t)}{\partial x^2} \tag{3-10}$$

初始条件：$t = 0$　$C_A = 0$　$0 \leqslant x \leqslant L$

边界条件：$x = 0$　$C_A = M\delta(t)$

$$x = L \quad -FD_{eA-B}\left(\frac{\partial C_A(x,t)}{\partial t}\right)_{x=L} = V_2\frac{\partial C_{AL}}{\partial t} + V_B C_{AL}$$

对方程(3-10)可以在拉普拉斯定义域内解出，其通解为：

$$\overline{C}_A(x,P) = B_1 e^{\sqrt{\varepsilon_P \cdot \frac{P}{D_{eA-B}}} \cdot x} + B_2 e^{-\sqrt{\varepsilon_P \cdot \frac{P}{D_{eA-B}}} \cdot x} \tag{3-11}$$

其中：

$$B_1 = M - \frac{\overline{C}_{A(L,P)}(V_2 P + V_B) + FD_{eA-B}M\sqrt{\varepsilon_P \cdot \frac{P}{D_{eA-B}}} e^{\sqrt{\varepsilon_P \cdot \frac{P}{D_{eA-B}}} \cdot L}}{FD_{eA-B}\sqrt{\varepsilon_P \cdot \frac{P}{D_{eA-B}}} \cdot x \left(e^{\sqrt{\varepsilon_P \cdot \frac{P}{D_{eA-B}}} \cdot L} + e^{-\sqrt{\varepsilon_P \cdot \frac{P}{D_{eA-B}}} \cdot L}\right)}$$

$$B_2 = \frac{\overline{C}_{A(L,P)}(V_2 P + V_B) + FD_{eA-B}M\sqrt{\varepsilon_P \cdot \frac{P}{D_{eA-B}}} e^{\sqrt{\varepsilon_P \cdot \frac{P}{D_{eA-B}}} \cdot L}}{FD_{eA-B}\sqrt{\varepsilon_P \cdot \frac{P}{D_{eA-B}}} \cdot x \left(e^{\sqrt{\varepsilon_P \cdot \frac{P}{D_{eA-B}}} \cdot L} + e^{-\sqrt{\varepsilon_P \cdot \frac{P}{D_{eA-B}}} \cdot L}\right)}$$

式(3-11)中，P 为引进的拉氏变量。如果要获得式(3-10)的解，必须对式(3-11)进行演算。式(3-11)中，$\overline{C}_A(x,P)$ 与 P 是一个非常复杂的函数关系，虽然该方程演算极其困难，但存在如下关系：

$$m_n = \int_0^\infty t^n j'(\tau)\mathrm{d}t = (-1)^n \frac{\mathrm{d}\overline{C}_A(L,P)^n}{\mathrm{d}P^n}\Big|_{P=0} \tag{3-12}$$

式(3-12)中，m_n 是 $x = L$ 处矩函数时间响应峰，其值为 $\int_0^\infty t^n j'(\tau)\mathrm{d}t$，$j(\tau)$ 为密度分布函数，可由实验获得，右边项与式(3-11)的参数联系起来。将式(3-11)与式(3-12)结合，得到 $x = L$ 处响应峰的一次绝对矩为：

$$\tau = \frac{m_1}{m_0} = \frac{L^2 \varepsilon_P [3(F/L)D_{eA-B} + V_B]}{6D_{eA-B}[(F/L)D_{eA-B} + V_B]} \tag{3-13}$$

实验测得的响应峰曲线的一次绝对矩为：

$$\tau_1 = \frac{\int_0^\infty t j'(\tau)\mathrm{d}t}{\int_0^\infty j'(\tau)\mathrm{d}t} \tag{3-14}$$

τ_1 包括系统的整个时间，而式(3-13)定义在催化剂从界面 0 到界面 L 的时间，需要扣去系统死时间 τ' 和脉冲加入时间 $\frac{\tau_0}{2}$（用热导池检测）。即：

$$\tau = \tau_1 - \tau' - \frac{\tau_0}{2}$$

由式(3-13)和式(3-14)可求得扩散系数 D_{eA-B}。

C　预习与思考

（1）测定催化剂微孔内气体扩散系数的定常态法和非定常态法各有什么特点？非定常态法是一种间接测定孔内扩散系数的方法，易引入误差，如何克服误差？

（2）内扩散对反应速率及选择性有什么影响？试举例分析讨论。

（3）测定孔内扩散系数对制备和改善催化剂孔结构有什么作用。

D　实验装置与流程

实验装置及流程如图 3-10 所示。

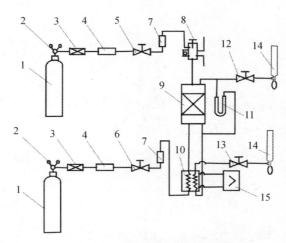

图 3-10　非定常态法实验装置示意图

1-气体钢瓶；2-减压阀；3-过滤器；4-缓冲罐；5、6、12、13-针形阀；7-转子流量计；8-六
通阀；9-扩散池；10-热导池；11-U 形管斜差压计；14-皂沫流量计；15-记录仪

扩散元中装入催化剂,用胶质管紧密固定。载气自钢瓶出来,由下室针形阀进入热导池参考臂,再入扩散元下室,又回到热导池测量臂,计量后放空。另一路载气由上室针形阀经六通阀进入扩散元上室,计量后放空。示踪剂经六通阀脉冲进入系统中,由热导池检测出口处(下室)示踪剂浓度。用纪录仪记录测定结果。

E　实验步骤与方法

(1) 开载气钢瓶总阀,缓缓调节减压阀至 0.1~0.15MPa。细心调节针形阀,并调节到预定的流量(由转子流量计读数显示)。

(2) 检查系统是否漏气,用皂膜流量计测量上、下室的流量是否与预定的相同。待系统内流体流动达到稳定后,接上色谱仪电源,打开总电源,开热导池旋钮,调节电流至预定值。打开记录仪,将指针调整到零点。

(3) 待记录仪稳定,指针画出一条直线后,再用皂膜流量计测定流量。若为预定流量,即可开始实验,并记录上下室流量和色谱仪柱温。否则需将流量调至预定值,并使气路、仪器稳定后才能开始实验。

(4) 开示踪剂瓶,让其进入六通阀的计量管后放空。把记录仪走纸开到最快档。用六通阀脉冲示踪剂的同时,在纪录针处打上 t_0 的标记,以便处理数据时用。

(5) 响应峰回到基线上,再重复步骤(4),做三四次。

(6) 改变下室流量,并重复上述各步骤,观察峰形变化。

(7) 实验结果,依次关记录仪、热导池、色谱仪总电源、示踪剂瓶、载气。

F　实验数据处理

将式(3-14)写成离散型：

$$\tau_1 = \frac{\displaystyle\sum_{t_i=t_0}^{t_i=t_\infty} t_i j'(\tau)\Delta t_i}{\displaystyle\sum_{t_i=t_0}^{t_i=t_\infty} j'(\tau)\Delta t_i}$$

并注意到 $J'(\tau) = \dfrac{V_B}{M} C_{A(x,t)}$，其中 V_B、M 为定值，又由于检测的讯号变化是线性的，即 $C_{A(x,t)} \propto H(t_i)$，实际上 $J'(\tau) \propto H(t_i)$，可写成 $J'(\tau) = kH(t)$，代入上式得：

$$\tau_1 = \frac{\displaystyle\sum_{t_i=t_0}^{t_i=t_\infty} t_i H(t_i)\Delta t_i}{\displaystyle\sum_{t_i=t_0}^{t_i=t_\infty} H(t_i)\Delta t_i}$$

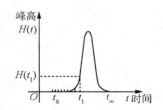

图 3-11　脉冲示踪剂应答曲线

根据记录仪纸上给出的脉冲示踪剂 A 的应答曲线，见图 3-11。并等距离取点 $[H(t_i), t_i]$，按矩形法求得 τ_1（也可以按其他方法计算 τ_1）。

G　主要符号说明

N_A——A 物扩散通量，$\mathrm{mol/(cm^2 \cdot s)}$；

P——压强，MPa；

R——气体常数；

T——绝对温度，K；

L——催化剂颗粒长度，cm；

F——催化剂；

Y_{AL}——催化剂下端面摩尔分数；

Y_{A0}——催化剂上端面摩尔分数；

V_B——下室物 B 流量，$\mathrm{cm^2/s}$；

$C_{A(x,t)}$——单颗粒催化剂 x 处，t 时刻 A 的浓度，$\mathrm{mol/cm^3}$；

C_{AL}——$x=L$ 处物 A 的浓度，$\mathrm{mol/cm^3}$；

V_2, V_1——扩散元上室或下室体积，$\mathrm{cm^3}$；

t——时间，s；

τ'——脉冲至检测体系除去催化剂体积以外的体积除以载体流量时间，s；

τ——一次绝对矩，s；

τ_1——一次绝对矩的实测值，s；

τ_0——脉冲时间，s；

M——脉冲示踪剂量，$\mathrm{mol/cm^3}$；

$H(t_i)$——峰高，cm；

ε_P——单颗粒催化剂空隙率。

【参考文献】

[1] 乐清华.化学工程与工艺专业实验[M].北京：化学工业出版社,2008.

实验 7　气固相催化反应宏观反应速率的测定

A　实验目的

(1) 掌握宏观反应速率的测试方法。
(2) 了解和掌握气固相催化反应实验研究方法。
(3) 了解内循环无梯度反应器的特点和操作。

B　实验原理

气固相催化反应是在催化剂颗粒表面进行的非均相反应。如果消除了传递过程的影响,可测得本征反应速率,从而在分子尺度上考察化学反应的基本规律。如果存在传热、传质过程的阻力,则为宏观反应速率。测定工业催化剂颗粒的宏观反应速率,可与本征反应速率对比而得到效率因子实验值,也可直接用于工业反应器的操作优化和模拟研究,因而对工业反应器的操作与设计具有更大的实用价值。

当采用工业粒度的催化剂测试宏观反应速率时,反应物系经历外扩散、内扩散与表面反应三个主要步骤。对工业粒度的催化剂而言,外扩散阻力与工业反应器操作条件有很大关系,线速度是调整外扩散传递阻力的有效手段。设计工业反应装置和实验室反应器时,一般选用足够高线速度,使反应过程排除颗粒外部传质阻力。本实验测定的反应速率,实质上是在排除外部传质阻力后,内部传质阻力在内的宏观反应速率。能表征工业催化剂的颗粒特性,便于应用于反应器设计与操作。催化剂颗粒通常制成多孔结构以增大其内表面积,因此颗粒的内表面积远远大于外表面积,反应物必须通过孔内扩散并在不同深度的内表面上发生化学反应,而反应产物则反向扩散至气相主体,扩散过程将形成内表面各处的浓度分布。颗粒的粒度是影响内部传递阻力的重要因素,将工业粒度催化剂的宏观反应速率与本征速率比较,则可以判别内扩散对反应的影响程度。

气固反应过程的实验室反应器可分为积分反应器、微分反应器以及无梯度反应器。其中,尤以内循环无梯度反应器最为常见,这种反应器结构紧凑,容易达到足够的循环量和维持等温条件,因而得到了较快的发展。

图 3-12 所示实验室反应器,是一种催化剂固定不动的内循环的反应器,采用涡轮搅拌器,造成反应气体在反应器内的循环流动。如反应器进口引入流量为 V_0、浓度为 C_{A0} 的原料气,出口流量为 V、浓度为 C_{Af} 的反应气。当反应

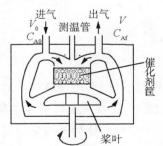

图 3-12　无梯度反应器示意图

为等摩尔反应时，$V_0 = V$；当反应为变摩尔反应时，V 可由具体反应式的物料衡算式推导，也可通过实验测量。设反应器进口处原料气与循环气刚混合时，浓度为 C_{Ai}，循环气流量为 V_C，则有：

$$V_0 C_{A0} + V_C C_{Af} = (V_0 + V_C) C_{Ai}$$

令循环比 $R_C = V_C / V_0$，得到：

$$C_{Ai} = \frac{1}{1 + R_C} C_{A0} + \frac{R_C}{1 + R_C} C_{Af}$$

当 R_C 很大时，$C_{Ai} \approx C_{Af}$，此时反应器内浓度处处相等，达到了浓度无梯度。经实验验证，当 $R_C > 25$ 后，反应器性能便相当于一个理想混合反应器，它的反应速率可以简单求得。

$$r_A = \frac{V_0 (C_{A0} - C_{Af})}{V_R}$$

或

$$r_{AW} = \frac{V_0 (C_{A0} - C_{Af})}{W}$$

因而，只要测得原料气流量与反应气体进出口浓度，便可得到某一条件下的宏观反应速率值。进一步按一定的设计方法规划实验条件，改变温度和浓度进行实验，再通过计算机进行参数估计和曲线拟合，便可获得宏观动力学方程。

C　预习与思考

（1）无梯度反应器属微分反应器还是积分反应器？为什么？此反应器有何优点？

（2）考虑内扩散影响的宏观反应速率是否一定比本征反应速率低？

（3）涡轮搅拌器的作用是什么？应如何确定叶轮的转速？

（4）为何要控制实验稳定一段时间后方能测数据？

D　实验装置与流程

宏观反应速率测定实验的流程如图 3-13 所示。

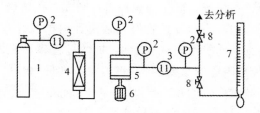

图 3-13　宏观速率测定流程图

1-钢瓶；2-压力表；3-稳压阀；4-净化器；5-反应器；6-电机；7-皂膜流量计；8-调节阀

配制好的高压原料气从钢瓶内引出，经过减压稳压阀 3 控制压力稳定在实验条件，流经净化器 4，进入反应器 5，当实验对压力要求较高时，反应器前后采用精密压力计测量系统压力。反应后气体经减压稳压阀减至常压后，引入皂膜流量计计量，或引入分析仪器分析气体组成。

E　实验步骤与方法

（1）将称量好的工业颗粒催化剂装入催化剂筐内后，将反应器密封好。若反应所用催化剂需经还原才有活性，则装入预还原催化剂，或装入未还原催化剂后增加还原步骤。

（2）全系统分段试压试漏（可用氮气）。

（3）开启原料气钢瓶，稳压稳流送入反应系统。

（4）开启反应器温控仪，逐渐升温至实验温度。

（5）使系统稳定 2h 以上后，测取数据。

（6）改变温度、压力和组成，测取其他点数据。

（7）实验完毕，先使系统降温，再切断气源，然后将系统缓慢泄压。

F　实验数据处理

实验数据记录项目见表 3-9。

表 3-9　实验数据记录表

序号	温度 /℃	大气压 /Pa	实验压强 /Pa	反应温度 /℃	气体流量		气体组成 y	
					V/m^3	时间/s	进口	出口
1								
2								
3								
4								
5								
...								

G　结果与讨论

（1）根据实验数据，计算出不同条件下的宏观反应速率值。

（2）与本反应系统的本征反应速率进行比较，得到效率因子实验值。

（3）对实验结果与实验方法进行分析讨论。

H　主要符号说明

C_{A0}——原料气浓度，mol/m^3；

C_{Af}——反应器出口浓度，mol/m^3；

C_{Ai}——反应器进口处混合浓度，mol/m^3；

R_C——循环比；

V_0，V_C——原料气、循环气流量，m^3/h；

V——出口气体流量，m^3/h；

V_R——催化剂装填量，m^3；

W——催化剂重量，kg；

r_A——以单位催化剂体积计算的反应速率，$mol/(m^3 \cdot h)$；

r_{AW}——以单位催化剂重量计算的反应速率，$mol/(kg \cdot h)$。

【参考文献】

［1］乐清华. 化学工程与工艺专业实验［M］. 北京：化学工业出版社，2008.

［2］丁百全，孙杏元. 无机化工专业实验［M］. 上海：华东化工学院出版社，1990.

［3］朱炳辰. 化学反应工程［M］. 北京：化学工业出版社，1998.

实验 8　径向流动反应器中的流体均布实验

A　实验目的

径向流动反应器是一种气体沿着半径或直径方向流动的催化反应器。与轴向反应器相比，由于流动方向的改变，径向反应器流通面积较大而流动距离较短，有效地降低了床层阻力，从而为采用小颗粒催化剂创造了条件。但是径向流动带来了流体沿轴向均布的问题，而且流体均布是影响径向反应器性能至关重要的因素，因此研究径向反应器中的流体均布具有十分重要的意义。

径向流动反应器通常有向心Ⅱ型、向心 Z 型、离心 Ⅱ 型和离心 Z 型四种型式，如图 3-14 所示。在每一种型式的径向流动反应器中，流体流动都可以分为流体在分流、合流流道中的流动，流体穿过多孔板的流动和流体在催化剂颗粒床中的流动。所谓的径向流体沿轴向的均布是指在不同的轴向位置上径向流过催化床的流体流速相等，因此其充分与必要条件是在径

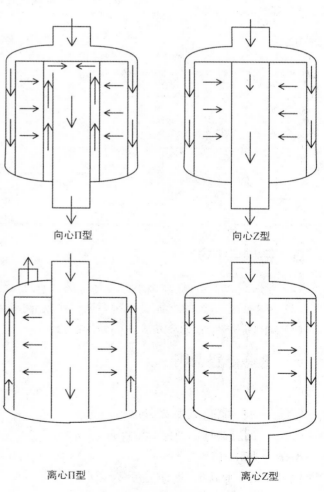

向心Ⅱ型　　　　　　　向心Z型

离心Ⅱ型　　　　　　　离心Z型

图 3-14　径向流动反应器示意图

向床进口截面和出口截面上的总势能分别保持恒定。如果介质密度很小,位能可以忽略,则在径向床进口截面和出口截面上的静压分别保持恒定。然而在进口截面上的总势能分布取决于分流流道中静压分布和分流多孔板上穿孔阻力的分布,在出口截面上的总势能分布取决于合流流道中静压分布和合流多孔板上穿孔阻力的分布,因此研究流体在分流和合流流道中的流动是解决径向流体均布的必要步骤,也是本实验的目的。

B　实验原理

在如图 3-15 所示的垂直分流流道中,假设:① 流动是一维的;② 孔间距足够小,可以认为侧流流体连续流出。流体在垂直分流流道中向下流动,以进口端为基准,取一微元控制体,在单位时间内对其建立质量守恒和 z 方向的动量守恒方程组:

质量守恒:
$$\rho A w = \rho A \left(w + \frac{\mathrm{d}w}{\mathrm{d}z}\mathrm{d}z \right) + \rho A_c u$$

动量守恒:
$$pA - \left(p + \frac{\mathrm{d}p}{\mathrm{d}z}\mathrm{d}z \right)A + \rho g A\mathrm{d}z - \tau_w \pi D\mathrm{d}z = \rho A\left(w + \frac{\mathrm{d}w}{\mathrm{d}z}\mathrm{d}z \right)^2 - \rho A w^2 + \rho A_c u w_c$$

假设对于圆管壁面流体剪切应力为:
$$\tau_w = \lambda \frac{\rho w^2}{8}$$

忽略 $\mathrm{d}w$ 的高阶项,由以上各式可以导得下式:
$$\frac{\mathrm{d}p}{\mathrm{d}z} - \rho g + \frac{\lambda}{2D}\rho w^2 + 2\rho w \frac{\mathrm{d}w}{\mathrm{d}z} - \rho w_c \frac{\mathrm{d}w}{\mathrm{d}z} = 0$$

假定 $w_c = 2\alpha w$,又令 $k_d = 1-\alpha$,可以得出动量交换方程:
$$\frac{\mathrm{d}p}{\mathrm{d}z} - \rho g + 2k_d\rho w \frac{\mathrm{d}w}{\mathrm{d}z} + \frac{\lambda}{2D}\rho w^2 = 0 \qquad (3-15)$$

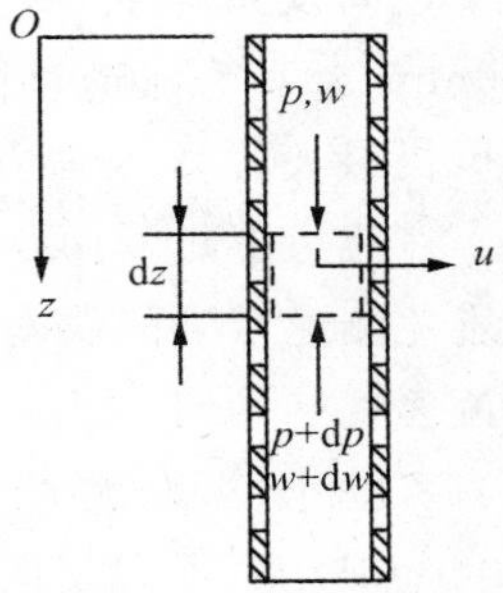

同样对于垂直向上的分流流动,以流体进口端为基准,可得出如下动量交换方程:

图 3-15　垂直分流通道微元控制体

$$\frac{\mathrm{d}p}{\mathrm{d}z} + \rho g + 2k_d\rho w \frac{\mathrm{d}w}{\mathrm{d}z} + \frac{\lambda}{2D}\rho w^2 = 0$$

对于流体的垂直方向的合流流动,通过相同的分析,可以得出如下合流动量交换方程:
$$\frac{\mathrm{d}p}{\mathrm{d}z} \pm \rho g + 2k_c\rho w \frac{\mathrm{d}w}{\mathrm{d}z} + \frac{\lambda}{2D}\rho w^2 = 0$$

在上式中,如果重力方向与合流主流方向相反,则重力项取"+"号;如果重力方向与合流主流方向相同,则重力项取"-"号。

C　实验装置与流程

要准确测定分流、合流流道中不同轴向位置上的流速和静压很困难,尤其是流速的测定,因此在实验装置设计时,可以选择高阻力的床层,保证实验装置中流体是均布的,从而避免测速的困难,而只需要测定流体的总流量。

实验流程如图 3-16 所示,空气经离心风机输送入管道,经调节阀调整流量,温度计测量气温温度和毕托管测出气体压强和压差后,进入冷模设备的入口,气体流过床层,从冷模设备的出口离开放空。气体在冷模设备中的流向通过一组插板阀来控制,从而可以分别对分流、合流及向上、向下流动进行实验测试。

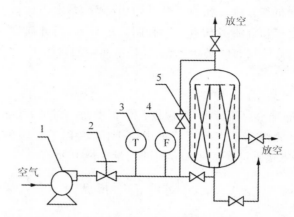

图 3-16　径向流动床层冷模装置试验流程图

1-风机;2-调节阀;3-温度计;4-流量计;5-轴向床模型

径向反应器冷模主要尺度如下:设备内径 500mm,总高 1500mm,中心流道直径 100mm,外环形流道直径 300~500mm,床层厚度 50mm,床层填料为小于 1mm 塑料小球;配套风机最大气量 3000m³/h。

在流道上每隔 100mm 安排一测压点,以测定该处气体的壁面静压和流道流速。为了尽量避免测速带来的误差,在设备设计时有目的地使系统的阻力主要集中在床层,从而使得径向流速基本均匀。

实验中主要测试仪器有 JM-9 型微差压计(测压差范围 0 ~ 150mmH₂O,精度 0.01mmH₂O,上海气象仪器厂生产)、孔板流量计(上海汽轮机研究所)。

D　实验步骤与方法

(1) 将调节阀关闭。

(2) 接通离心风机。

(3) 调节流量至适值。

(4) 稳定后,测量总流量。

(5) 测量冷模各测压点出的壁面静压,记录测量点的位置。

(6) 分别对离心、向心、向上流动和向下流动等各种工况测量静压分布。

(7) 完成测量后,关闭离心风机。

E　实验数据处理

以垂直分流流动为例,首先将式(3-15)离散化,假设以进口段为基准将分流流道等分成 n 段,如果流速分布、i 点的静压、k_d 已知,则可以通过下式计算出 $i+1$ 点处的静压:

$$(p_{i+1} - p_i) \pm (\rho g z_{i+1} - \rho g z_i) + 2k_d w_{i+\frac{1}{2}}(w_{i+1} - w_i) + \frac{\lambda}{2d} \rho w_{i+\frac{1}{2}}^2 (z_{i+1} - z_i) = 0$$

式中:+表示向上流动;-表示向下流动。摩阻系数按通常管道计算,其中:

$$w_{i+\frac{1}{2}} = \frac{w_{i+1} + w_i}{2}$$

以计算 p_{i+1} 和实测静压 p_{ei+1} 的方差为目标函数：

$$S = \sum_{i=1}^{n} (p_{i+1} - p_{ei+1})^2$$

用黄金分割法进行一维搜索以求出使得方差 S 达到极小值时的 k_d。

按照相同的方法可以导出合流流动时动量交换系数计算的公式和步骤,从而求得合流动量交换系数 k_d。

F　结果与讨论

(1) 为何需先将调节阀关闭,然后才能接通离心风机?

(2) 本实验采用何种措施避免直接测量速度? 其依据是什么?

(3) JM-9 型微差压计的原理是什么?

(4) 动量交换系数中不可避免会受到测量误差的影响,如何估计误差对动量交换系数的影响?

(5) 简述实验目的和原理。

(6) 描述实验流程和设备。

(7) 说明实验步骤。

(8) 列出实验数据,说明实验数据处理方法。

(9) 讨论实验结果。

G　主要符号说明

A——流道横截面面积,m^2;

A_c——侧壁小孔面积,m^2;

D——流道水力当量直径,m;

D_c——分流流道水力当量直径,m;

D_d——合流流道水力当量直径,m;

k——动量交换系数;

k_c——合流动量交换系数;

k_d——分流动量交换系数;

P——流道压强,mmH_2O;

P_e——实测压强,mmH_2O;

S——模型计算值和实验值的方差;

u——流道侧壁小孔穿孔径向流速,m/s;

u_0——侧壁小孔穿孔流速,m/s;

w——流体在流道横截面上的平均流速,m/s;

z——轴向距离,m;

λ——摩阻系数;

ρ——流体密度,kg/m^3;

τ_w——壁面剪应力。

【参考文献】

[1] 乐清华. 化学工程与工艺专业实验[M]. 北京：化学工业出版社,2008.

实验 9　乙苯脱氢制苯乙烯

A　实验目的

(1) 了解以乙苯为原料,氧化铁系为催化剂,在固定床单管反应器中制备苯乙烯的过程。

(2) 学会稳定工艺操作条件的方法。

B　实验原理

1. 本实验的主、副反应

主反应：

$$\text{C}_6\text{H}_5\text{—CH}_2\text{—CH}_3 \longrightarrow \text{C}_6\text{H}_5\text{—CH}\text{=}\text{CH}_2 + \text{H}_2 \quad 117.8\text{kJ/mol}$$

副反应：

$$\text{C}_6\text{H}_5\text{—C}_2\text{H}_5 \longrightarrow \text{C}_6\text{H}_6 + \text{C}_2\text{H}_4 \quad 105\text{kJ/mol}$$

$$\text{C}_6\text{H}_5\text{—C}_2\text{H}_5 + \text{H}_2 \longrightarrow \text{C}_6\text{H}_6 + \text{C}_2\text{H}_6 \quad -31.5\text{kJ/mol}$$

$$\text{C}_6\text{H}_5\text{—C}_2\text{H}_5 + \text{H}_2 \longrightarrow \text{C}_6\text{H}_5\text{—CH}_3 + \text{C}_2\text{H}_4 \quad -54.4\text{kJ/mol}$$

在水蒸气存在的条件下,还可能发生下列反应：

$$\text{C}_6\text{H}_5\text{—C}_2\text{H}_5 + 2\text{H}_2\text{O} \longrightarrow \text{C}_6\text{H}_5\text{—CH}_3 + \text{CO}_2 + 3\text{H}_2$$

此外,还有芳烃脱氢缩合及苯乙烯聚合生成焦油等。这些连串副反应的发生不仅使反应的选择性下降,而且极易使催化剂表面结焦,进而使活性下降。

2. 影响本反应的因素

(1) 温度的影响：乙苯脱氢反应为吸热反应,$\Delta H^{\ominus} > 0$,从平衡常数与温度的关系式 $\left(\dfrac{\partial \ln K_P}{\partial T}\right)_P = \dfrac{\Delta H^{\ominus}}{RT^2}$ 可知,提高温度可增大平衡常数,从而提高脱氢反应的平衡转化率。但是温度过高,副反应增加,使苯乙烯选择性下降,能耗增大,设备材质要求增加,故应控制适宜的反应温度。本实验的反应温度为 $540\sim600℃$。

(2) 压力的影响：乙苯脱氢为体积增加的反应,从平衡常数与压强的关系式 $K_P = K_n\left(\dfrac{P_{总}}{\sum n_i}\right)^{\Delta \gamma}$ 可知,当 $\Delta \gamma > 0$ 时,降低总压 $P_{总}$ 可使 K_n 增大,从而增加了反应的平衡转化率,故降低压力有利于平衡向脱氢方向移动。本实验加水蒸气的目的是降低乙苯的分压,以提高平衡转化率。较适宜的水蒸气用量为:水:乙苯=1.5:1(体积比)=8:1(物质的量比)。

(3)空速的影响:乙苯脱氢反应系统中有平衡副反应和连串副反应。随着接触时间的增加,副反应也增加,苯乙烯的选择性可能下降,适宜的空速与催化剂的活性及反应温度有关。本实验乙苯的液空速以 0.6h^{-1} 为宜。

3. 催化剂

本实验采用氧化铁系催化剂,其组成为 $Fe_2O_3 - CuO - K_2O - CeO_2$。

C 预习与思考

(1)乙苯脱氢生成苯乙烯反应是吸热还是放热反应? 如何判断? 如果是吸热反应,则反应温度为多少? 实验室是如何来实现的? 工业上又是如何来实现的?

(2)对本反应而言,反应体积是增大还是减小? 加压有利还是减压有利? 工业上是如何来实现加减压操作的? 本实验采用什么方法? 为什么加入水蒸气可以降低烃分压?

(3)在本实验中,你认为有哪几种液体产物生成? 哪几种气体产物生成? 如何分析?

(4)进行反应物料衡算,需要一些什么数据? 如何搜集并进行处理?

D 实验装置与流程

实验流程见图 3-17。

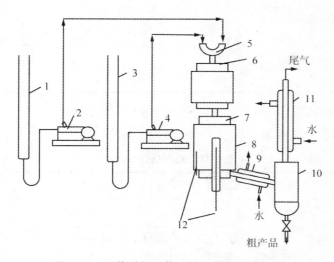

图 3-17 乙苯脱氢制苯乙烯工艺实验流程图

1-乙苯计量管;2、4-加料泵;3-水计量管;5-混合器;6-汽化器;7-反应器;8-电热
夹套;9、11-冷凝器;10-分离器;12-热电偶

E 实验步骤与方法

(1)反应条件控制

汽化温度 300℃;脱氢反应温度 540~600℃;水:乙苯=1.5:1(体积比),相当于乙苯加料 0.5mL/min,蒸馏水 0.75mL/min(50mL 催化剂)。

（2）操作步骤

① 了解并熟悉实验装置及流程,搞清物料走向及加料、出料方法。

② 接通电源,使汽化器、反应器分别逐步升温至预定的温度,同时打开冷却水。

③ 分别校正蒸馏水和乙苯的流量（0.75mL/min 和 0.5mL/min）

④ 当汽化器温度达到 300℃后,反应器温度达 400℃左右开始加入已校正好流量的蒸馏水。当反应温度升至 500℃左右,加入已校正好流量的乙苯,继续升温至 540℃使之稳定 0.5h。

⑤ 反应开始后每隔 10～20min 取一次数据,每个温度至少取两个数据,粗产品从分离器中放入量筒内。然后用分液漏斗分去水层,称出烃层液重量。

⑥ 取少量烃层液样品,用气相色谱分析其组成,并计算出各组分的质量分数。

⑦ 反应结束后,停止加乙苯。反应温度维持在 500℃左右,继续通水蒸气,进行催化剂的清焦再生,约 0.5h 后停止通水,并降温。

F　实验数据处理

（1）原始记录

将乙苯脱氢实验记录填入表 3-10。

表 3-10　乙苯脱氢实验记录

时间	温度/℃		原料流量/[mL/(10～20min)]						粗产品质量/g		尾气体积/mL
	汽化器	反应器	乙苯			水			烃层液	水 层	
			始	终	平均	始	终	平均			

（2）粗产品分析结果

将粗产品分析结果填入表 3-11。

表 3-11　粗产品分析结果

反应温度/℃	乙苯加入量/g	粗　产　品							
		苯		甲苯		乙苯		苯乙烯	
		质量分数/%	质量/g	质量分数/%	质量/g	质量分数/%	质量/g	质量分数/%	质量/g

（3）计算结果

乙苯的转化率：$\alpha = \dfrac{RF}{FF} \times 100\%$

苯乙烯的选择性：$S = \dfrac{P}{RF} \times 100\%$

苯乙烯的收率：$Y = \alpha \times S \times 100\%$

G　结果与讨论

对以上的实验数据进行处理,分别将转化率、选择性及收率对反应温度作出图表,找出最适宜的反应温度区域,并对所得实验结果进行讨论(包括曲线图趋势的合理性、误差分析、成败原因等)。

H　主要符号说明

$\Delta H^{\ominus}_{298}$——298K 下标准焓,kJ/mol;

K_P,K_n——平衡常数;

n_i——i 组分的物质的量,mol;

$P_{总}$——总压强,Pa;

R——气体常数;

T——温度,K;

$\Delta \gamma$——反应前后物质的量变化,mol;

α——原料的转化率,%;

S——目的产物的选择性,%;

Y——目的产物的收率,%;

RF——消耗的原料量,g;

FF——原料加入量,g;

P——目的产物的量,g。

【参考文献】

[1] 乐清华. 化学工程与工艺专业实验[M]. 北京：化学工业出版社,2008.

[2] 吴指南. 基本有机化工工艺学[M]. 北京：化学工业出版社,1990.

实验 10　催化反应精馏法制甲缩醛

A　实验目的

(1) 了解反应精馏工艺过程的特点,增强工艺与工程相结合的观念。

(2) 掌握反应精馏装置的操作控制方法,学会通过观察反应精馏塔内的温度分布,判断浓度的变化趋势,采取正确的调控手段。

(3) 学会用正交设计的方法,设计合理的实验方案,进行工艺条件的优选。

(4) 获得反应精馏法制备甲缩醛的最优工艺条件,明确主要影响因素。

B　实验原理

反应精馏法是集反应与分离为一体的一种特殊精馏技术。该技术将反应过程的工艺特点与分离设备的工程特性有机结合在一起,既能利用精馏的分离作用提高反应的平衡转化率,抑制串联副反应的发生,又能利用放热反应的热效应降低精馏的能耗,强化传质,因此在化工生产中得到越来越广泛的应用。

本实验以甲醛与甲醇缩合生产甲缩醛的反应为对象进行反应精馏工艺的研究。合成甲缩醛的反应为:

$$2CH_3OH + CH_2O \Longrightarrow C_3H_6O + 2H_2O$$

该反应是在酸催化条件下进行的可逆放热反应,受平衡转化率的限制。若采用传统的先反应后分离的方法,即使以高浓度的甲醛水溶液(38%~40%)为原料,甲醛的转化率也只能达到 60% 左右,大量未反应的稀甲醛不仅给后续的分离造成困难,而且稀甲醛浓缩时产生的甲酸对设备的腐蚀严重。而采用反应精馏的方法则可有效地克服平衡转化率这一热力学障碍,因为该反应物系中各组分相对挥发度的大小次序为:$\alpha_{甲缩醛} > \alpha_{甲醇} > \alpha_{甲醛} > \alpha_{水}$,可见,由于产物甲缩醛具有最大的相对挥发度,利用精馏的作用可将其不断地从系统中分离出去,促使平衡向生成产物的方向移动,大幅度提高甲醛的平衡转化率,若原料配比控制合理,甚至可接近平衡转化率。

此外,采用反应精馏技术还具有如下优点:

(1) 在合理的工艺及设备条件下,可从塔顶直接获得合格的甲缩醛产品。

(2) 反应和分离在同一设备中进行,可节省设备费用和操作费用。

(3) 反应热直接用于精馏过程,可降低能耗。

(4) 由于精馏的提浓作用,对原料甲醛的浓度要求降低,浓度为 7%~38% 的甲醛水溶液均可直接使用。

本实验采用连续操作的反应精馏装置,考察原料甲醛的浓度、甲醛与甲醇的配比、催化剂浓度、回流比等因素对塔顶产物甲缩醛的纯度和生成速率的影响,从中优选出最佳的工艺条件。实验中,各因素水平变化的范围是:甲醛溶液浓度(质量分数)12%~38%,甲醛∶甲醇(物质的量之比)为 1∶8~1∶2,催化剂浓度 1%~3%,回流比 5~15。由于实验涉及多因子多水平的优选,故采用正交实验设计的方法组织实验,通过数据处理、方差分析,确定主要因素和优化条件。

C 预习与思考

(1) 采用反应精馏工艺制备甲缩醛,从哪些方面体现了工艺与工程相结合所带来的优势?

(2) 是不是所有的可逆反应都可以采用反应精馏工艺来提高平衡转化率?为什么?

(3) 在反应精馏塔中,塔内各段的温度分布主要由哪些因素决定?

(4) 反应精馏塔操作中,甲醛和甲醇加料位置的确定根据什么原则?为什么催化剂硫酸要与甲醛而不是与甲醇一同加入?实验中,甲醛原料的进料体积流量如何确定?

(5) 若以产品甲缩醛的收率为实验指标,实验中应采集和测定哪些数据?请设计一张实验原始数据记录表。

若不考虑甲醛浓度、原料配比、催化剂浓度、回流比这四个因素间的交互作用,请设计一张三水平的正交实验计划表。

D　实验装置与流程

实验装置如图 3-18 所示。反应精馏塔由玻璃制成。塔径为 25mm，塔高约 2400mm，共分为三段，由下至上分别为提馏段、反应段、精馏段，塔内填装弹簧状玻璃丝填料。塔釜为 1000mL 四口烧瓶，置于 1000W 电热碗中。塔顶采用电磁摆针式回流比控制装置。在塔釜、塔体和塔顶共设了五个测温点。

原料甲醛与催化剂混合后，经计量泵由反应段的顶部加入，甲醇由反应段底部加入。用气相色谱分析塔顶和塔釜产物的组成。

E　实验步骤与方法

（1）原料准备

① 在甲醛水溶液中加入 1%、2%、3% 的浓硫酸作为催化剂。

② CP 级或工业甲醇。

（2）操作准备：检查精馏塔进出料系统各管线上的阀门开闭状态是否正常。向塔釜加入 400mL 约 10% 的甲醇水溶液。调节计量泵，分别标定原料甲醛和甲醇的进料流量，甲醇的体积流量控制在 4～5mL/min。

（3）实验操作

① 先开启塔顶冷却水。再开启塔釜加热器，加热量要逐步增加，不宜过猛。当塔头有冷凝液后，全回流操作约 20min。

② 按选定的实验条件，开始进料，同时将回流比控制器拨到给定的位置。进料后，仔细观察并跟踪记录塔内各点的温度变化，测定并记录塔顶与塔釜的出料速度，调节出料量，使系统物料平衡。待塔顶温度稳定后，每隔 15min 取一次塔顶、塔釜样品，分析其组成，共取样两三次。取其平均值作为实验结果。

③ 依正交实验计划表，改变实验条件，重复步骤②，可获得不同条件下的实验结果。

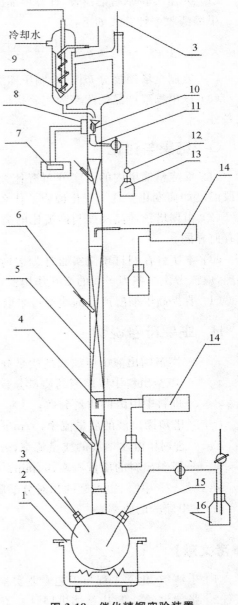

图 3-18　催化精馏实验装置

1-电热碗；2-塔釜；3-温度计；4-进料口；5-填料；6-温度计；7-时间继电器；8-电磁铁；9-冷凝器；10-回流摆体；11-计量杯；12-数滴滴球；13-产品槽；14-计量泵；15-塔釜出料口；16-釜液贮瓶

④ 实验完成后，切断进、出料，停止加热，待塔顶不再有凝液回流时，关闭冷却水。

注意：本实验按正交表进行，工作量较大，可安排多组学生共同完成。

F　实验数据处理

（1）列出实验原始记录表，计算甲缩醛产品的收率。

甲缩醛收率计算式如下：

$$\eta = \frac{(D \times x_d + W \times x_w)}{F \times x_f} \times \frac{M_1}{M_0} \times 100\%$$

（2）绘制全塔温度分布图，绘制甲缩醛产品收率和纯度与回流比的关系图。

（3）以甲缩醛产品的收率为实验指标，列出正交实验结果表，运用方差分析确定最佳工艺条件。

G　结果与讨论

（1）反应精馏塔内的温度分布有什么特点？随原料甲醛浓度和催化剂浓度的变化，反应段温度如何变化？这个变化说明了什么？

（2）根据塔顶产品纯度与回流比的关系、塔内温度分布的特点，讨论反应精馏与普通精馏有何异同。

（3）本实验在制订正交实验计划表时没有考虑各因素间的交互影响，是否合理？若不合理，应该考虑哪些因子间的交互作用？

（4）要提高甲缩醛产品的收率可采取哪些措施？

H　主要符号说明

x_d——塔顶馏出液中甲缩醛的质量分数；

x_w——塔釜出料中甲缩醛的质量分数；

x_f——进料中甲醛的质量分数；

D——塔顶馏出液的质量流率，g/min；

F——进料甲醛水溶液的质量流率，g/min；

W——塔釜出料的质量流率，g/min；

M_1，M_0——甲醛、甲缩醛的相对分子质量；

η——甲缩醛的收率。

【参考文献】

［1］乐清华.化学工程与工艺专业实验［M］.北京：化学工业出版社，2008.
［2］张瑞生，等.反应精馏进展［J］.化学世界，1992,33(9)：385.

实验 11　填料塔分离效率的测定

A　实验目的

（1）了解系统表面张力对填料精馏塔效率的影响机理。

（2）测定甲酸-水系统在正、负系统范围内的 *HETP*。

B　实验原理

填料塔是生产中广泛使用的一种塔型,在进行设备设计时,要确定填料层高度,或确定理论塔板数与等板高度 *HETP*。其中,理论塔板数主要取决于系统性质与分离要求;等板高度 *HETP* 则与塔的结构、操作因素以及系统物性有关。

由于精馏系统中低沸组分与高沸组分表面张力上的差异,沿着气液界面形成了表面张力梯度。表面张力梯度不仅能引起表面的强烈运动,而且还可导致表面的蔓延或收缩。这与填料表面液膜的稳定或破坏以及传质速率都有密切联系,从而影响分离效果。

根据热力学分析,为使喷淋液能很好地润湿填料表面,在选择填料的材质时,要使固体的表面张力 σ_{SV} 大于液体的表面张力 σ_{LV}。然而有时虽已满足上述热力学条件,但液膜仍会破裂形成沟流,这是由于混合液中低沸组分与高沸组分表面张力不同,随着塔内传质传热的进行,形成表面张力梯度,造成填料表面液膜的破碎,从而影响分离效果。

根据系统中组分表面张力的大小,可将二元精馏系统分为下列三类:

（1）正系统。低沸组分的表面张力 σ_l 较低,即 $\sigma_l < \sigma_h$。当回流液下降时,液体的表面张力 σ_{LV} 值逐渐增大。

（2）负系统。与正系统相反,低沸组分的表面张力 σ_l 较高,即 $\sigma_l > \sigma_h$,因而回流液下降过程中表面张力 σ_{LV} 逐渐减小。

（3）中性系统。在中性系统中,低沸组分的表面张力与高沸组分的表面张力相近,即 $\sigma_l \approx \sigma_h$,或两组分的挥发度差异甚小,使得回流液的表面张力值并不随着塔中的位置有多大变化。

在精馏操作中,由于传质与传热的结果,导致液膜表面不同区域的浓度或温度不均匀,使表面张力发生局部变化,形成表面张力梯度,从而引起表面层内液体的运动,产生玛兰哥尼（Marangoni）效应。这一效应可引起界面处的不稳定,形成漩涡;也会造成界面的切向和法向脉动,而这些脉动有时又会引起界面的局部破裂,因此由 Marangoni 效应引起的局部流体运动反过来又影响传热传质。

填料塔内,相际接触面积的大小取决于液膜的稳定性,若液膜不稳定,液膜破裂形成沟流,使相际接触面积减少。由于液膜不均匀,传质也不均匀,液膜较薄的部分轻组分传出较多,重组分传入也较多,于是液膜薄的地方轻组分含量就比液膜厚的地方小。对正系统而言,如图 3-19 所示,由于轻组分的表面张力小于重组分,液膜薄的地方表面张力较大,而液膜较厚部分的表面张力比较薄处小,表面张力差推动液体从较厚处流向较薄处,这样液膜修

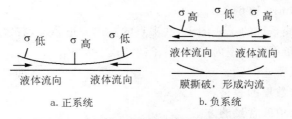

图 3-19　表面张力梯度对液膜稳定性的影响

复,变得稳定。对于负系统,则情况相反,在液膜较薄部分表面张力比液膜较厚部分的表面张力小,表面张力差使液体从较薄处流向较厚处,这样液膜被撕裂形成沟流。实验证明,正、负系统在填料塔中具有不同的传质效率,负系统的等板高度(HETP)可比正系统大一倍甚至一倍以上。

本实验使用的精馏系统为具有最高共沸点的水-甲酸系统。试剂级的甲酸为含85%左右的水溶液,在使用同一系统进行正系统和负系统实验时,必须将其浓度配制在正系统与负系统的范围内。水-甲酸系统的共沸组成为:$x_{H_2O}=0.435$,而85%甲酸的水溶液中含水量化为摩尔分数为0.3048,落在共沸点的左边,为正系统范围,水-甲酸系统的 x-y 图如图3-20所示。其气液平衡数据如表3-12所示。

表 3-12　水-甲酸系统 x-y 平衡数据

$t/℃$	102.3	104.6	105.9	107.1	107.6	107.6	107.1	106.0	104.2	102.9	101.8
x_{H_2O}	0.0405	0.155	0.218	0.321	0.411	0.464	0.522	0.632	0.740	0.829	0.900
y_{H_2O}	0.0245	0.102	0.162	0.279	0.405	0.482	0.567	0.718	0.836	0.907	0.951

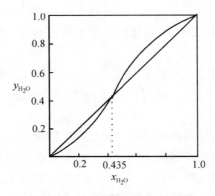

图 3-20　水-甲酸系统的 x-y 图

C　预习与思考

(1) 何谓正系统、负系统? 正、负系统对填料塔的效率有何影响?

(2) 从工程角度出发,讨论研究正、负系统对填料塔效率的影响有何意义?

(3) 本实验通过怎样的方法,得出负系统的 HETP 大于正系统的 HETP?

(4) 设计一个实验方案,包括如何做正系统与负系统的实验,如何配制溶液(假定含85%甲酸的水溶液 500mL,约 610g)。

(5) 为什么水-甲酸系统的 x-y 图中,共沸点的左边为正系统,右边为负系统?

(6) 估计一下正、负系统范围内塔顶、塔釜的浓度。

(7) 操作中要注意哪些问题?

(8) 设计记录实验数据的表格。

(9) 提出分析样品甲酸含量的方案。

D　实验装置与流程

本实验所用的玻璃填料塔内径为31mm，填料层高度为540mm，内装：4mm×4mm×1mm磁拉西环填料，整个塔体采用导电透明薄膜进行保温。蒸馏釜为1000mL圆底烧瓶，用功率350W的电热碗加热。塔顶装有冷凝器，在填料层的上、下两端各有一个取样装置，其上有温度计套管可插温度计（或铜电阻）测温。塔釜加热量用可控硅调压器调节，塔身保温部分亦用可控硅电压调整器对保温电流大小进行调节。实验装置如图3-21所示。

E　实验步骤与方法

实验分别在正系统与负系统的范围下进行，其步骤如下：

（1）正系统。取85％的水-甲酸溶液，略加一些水，使入釜的水-甲酸溶液既处在正系统范围，又更接近共沸组成，使画理论板时不至于集中于图的左端。

（2）将配制的水-甲酸溶液加入塔釜，并加入沸石。

（3）打开冷却水，合上电源开关，由调压器控制塔釜的加热量与塔身的保温电流。

（4）本实验为全回流操作，待操作稳定后，才可用长针头注射器在上、下两个取样口取样分析。

（5）待正系统实验结束后，按计算再加入一些水，使之进入负系统浓度范围，但加水量不宜过多，以免造成水的浓度过高，在作图时画理论板时集中于图的右端，使误差加大。

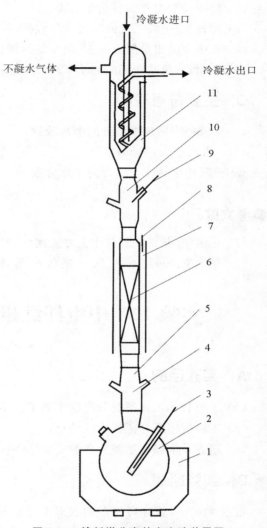

冷凝水进口

不凝水气体

冷凝水出口

11
10
9
8
7
6
5
4
3
2
1

图 3-21　填料塔分离效率实验装置图

1-电热碗；2-蒸馏釜；3-釜温度计；4-塔底取样段温度计；5-塔底取样装置；6-填料塔；7-保温夹套；8-保温温度计；9-塔顶取样装置；10-塔顶取样段温度计；11-冷凝器

（6）为保持正、负系统在相同的操作条件下进行实验，则应保持塔釜加热电压不变，塔身保温电流不变，以及塔顶冷却水量不变。

（7）同步骤（4），待操作稳定后，取样分析。

（8）实验结束，关闭电源及冷却水，待釜液冷却后倒入废液桶中。

（9）本实验采用NaOH标准溶液滴定分析。

F　实验数据处理

（1）将实验数据及实验结果列表。

（2）根据水-甲酸系统的气液平衡数据，作出水-甲酸系统的 x-y 图。

（3）在图上画出全回流时正、负系统的理论塔板数。

（4）求出正、负系统相应的 $HETP$。

G　主要符号说明

x——液相中易挥发组分的摩尔分数；

σ——表面张力，N/m；

y——气相中易挥发组分的摩尔分数。

【参考文献】

[1] 乐清华. 化学工程与工艺专业实验[M]. 北京：化学工业出版社，2008.

[2] 柏实义. 两相流动[M]. 施高光，等译. 北京：国防工业出版社，1985.

实验 12　中空纤维超滤膜浓缩表面活性剂

A　实验目的

（1）了解和熟悉超滤膜分离的主要工艺参数。

（2）了解液相膜分离技术的特点。

（3）培养并掌握超滤膜分离的实验操作技能。

B　实验原理

近数十年来，膜分离技术的发展非常迅速，在液固（液体中的超细微粒）分离、液液分离、气气分离、膜反应分离耦合、集成分离技术等方面取得突破，应用于化学工业、石油化工、生物医药和环保等领域，对提高产品质量、节能降耗和减轻污染等都具有极为重要的战略意义。通常，膜有对称膜、不对称膜、复合膜和多层复合膜等。按膜的材料不同，可分为有机膜和无机膜。膜分离法是用天然或人工合成的膜，以外界能量或化学位差为推动力，对双组分或多组分的溶质与溶剂进行分离、分级、提纯和富集的方法，因而它可用于液相和气相。目前，膜分离包括反渗透（RO）、纳滤（NF）、超滤（UF）、微滤（MF）、渗透汽化（PV）和气体分离（GS）等。超滤膜分离过程具有无相变、设备简单、效率高、占地面积小、操作方便、能耗少和适应性强等优点。一般来说，超滤膜截留相对分子质量为500～100000（孔径：1～50nm），因而它广泛应用于电子、饮料、食品、医药和环保等各个领域。通过中空纤维超滤膜浓缩表面活性剂的实验，对了解和熟悉新的膜分离技术具有十分重要的现实意义。

通常,以压差为推动力的液相膜分离方法有反渗透、纳滤、超滤和微滤等方法。图 3-22 是各种渗透膜对不同物质的截留示意图。对于超滤而言,一种被广泛用来形象地分析超滤膜分离机理的说法是"筛分"理论。该理论认为,膜表面具有无数微孔,这些实际存在的不同孔径的孔眼像筛子一样,截留住了分子直径大于孔径的溶质和颗粒,从而达到了分离的目的。最简单的超滤器的工作原理(如图 3-23 所示)如下:在一定的压力作用下,当含有高分子(A)和低分子(B)溶质的混合溶液流过被支撑的超滤膜表面时,溶剂(如水)和低分子溶质(如无机盐类)将透过超滤膜,作为透过物被搜集起来;高分子溶质(如有机胶体)则被超滤膜截留而作为浓缩液被回收。应当指出的是,若超滤完全用"筛分"的概念来解释,则会非常含糊。在有些情况下,似乎孔径大小是物料分离的唯一支配因素;但对有些情况,超滤膜材料表面的化学特性却起到了决定性的截留作用。如有些膜的孔径既比溶剂分子大,又比溶质分子大,本不应具有截留功能,但令人意外的是,它却仍具有明显的分离效果。由此可知,比较全面一些的解释是:在超滤膜分离过程中,膜的孔径大小和膜表面的化学性质等,将分别起着不同的截留作用,因此,不能简单地分析超滤现象,孔结构是重要因素,但不是唯一因素,另一重要因素是膜表面的化学性质。

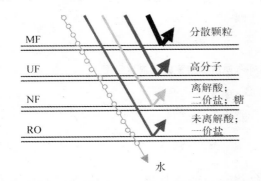

图 3-22 各种渗透膜对不同物质的截留示意图

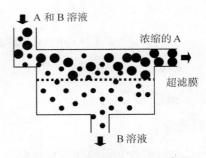

图 3-23 超滤器工作原理示意图

C 实验装置与流程

(1)主要设备:中空纤维超滤膜组件如图 3-24 所示。

组件型号:XZL-UF10-1。

主要参数:截留相对分子质量 10000。

膜面积:$0.5m^2$。

适宜流量:$20\sim50L/h$。

(2)实验流程(图 3-24)

本实验将表面活性剂料液经泵输送到中空纤维超滤膜组件,并从下部进入膜组件。将表面活性剂料液分为二:一是透过液——透过膜的稀溶液,该稀溶液由流量计计量后回到表面活性剂料液储罐;二是浓缩液——未透过膜的溶液(浓度高于料液),浓缩液经转子流量计计量后也回到料液储槽。在本流程中,阀门处可为膜组件加保护液(1%甲醛溶液)用;阀门处可放出保护液;预过滤器——200 目不锈钢网过滤器的作用是拦截料液中的不溶性杂质,以保护膜不受阻塞。

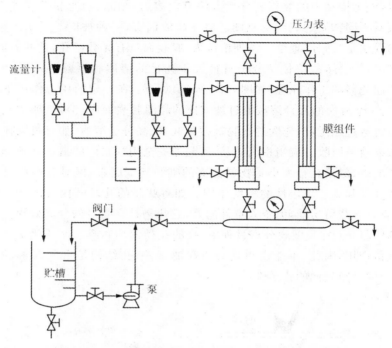

图 3-24　中空纤维超滤膜浓缩表面活性剂实验装置示意图

（3）主要分析仪器：751 型紫外分光光度计，用于测定溶液浓度。

D　实验步骤与方法

（1）实验方法

将预先配制的表面活性剂料液在 0.1MPa 压强和室温下，进行不同流量的超滤膜分离实验。在稳定操作 30min 后，取样品分析。取样方法：从表面活性剂料液储槽中用移液管取 5mL 浓缩液入 100mL 容量瓶中，与此同时，在透过液出口端用 100mL 烧杯接取透过液约 50mL，然后用移液管从烧杯中取 10mL 放入第二个容量瓶中，以及在浓缩液出口端用 100mL 烧杯接取浓缩液约 50mL，并用移液管从烧杯中取 5mL 放入第三个容量瓶中。利用 751 型紫外分光光度计，测定三容量瓶的表面活性剂浓度。烧杯中剩余透过液和浓缩液全部倾入表面活性剂料液储槽中，充分混匀。随后进行下一个流量实验。

（2）操作步骤

① 751 型紫外分光光度计通电预热 20min 以上。

② 若长时间内不进行膜分离实验，为防止中空纤维膜被微生物侵蚀而损伤，在超滤组件内必须加入保护液。然而，在实验前必须将超滤组件中的保护液放净。

③ 清洗中空纤维超滤组件，为洗去残余的保护液，用自来水清洗两三次，然后放净清洗液。

④ 检查实验系统阀门开关状态，使系统各部位的阀门处于正常运转状态。

⑤ 将配制的表面活性剂料液加入料液槽计量，记录表面活性剂料液的体积。用移液管取料液 5mL 放入容量瓶（100mL）中，以测定原料液的初始浓度。

⑥ 在启动泵之前,必须向泵内注满原料液。

⑦ 启动泵稳定运转 30min 后,按"实验方法"进行条件实验,做好记录。实验完毕后即可停泵。

⑧ 清洗中空纤维超滤组件。待超滤组件中的表面活性剂溶液放净之后,用自来水代替原料液,在较大流量下运转 20min 左右,清洗超滤组件中残余表面活性剂溶液。

⑨ 加保护液。如果 1d 以上不使用超滤组件,须加入保护液至中空纤维超滤组件的 2/3 高度。然后密闭系统,避免保护液损失。

⑩ 将 751 型紫外分光光度计清洗干净,放在指定位置,以及切断分光光度计的电源。

E　实验数据处理

(1) 实验条件和数据记录如表 3-13 所示。

表 3-13　膜浓缩实验原始记录表

压强(表压): _____ MPa　　　温度: _____ ℃

实验序号	起止时间	浓度/(mg/L)			流量/(L/h)	
		原料液	浓缩液	透过液	浓缩液	透过液

(2) 数据处理

① 表面活性剂截留率(R)

$$R = \frac{原料液初始浓度 - 透过液浓度}{原料液初始浓度} \times 100\%$$

② 透过液通量(J)

$$J = \frac{渗透液体积}{实验时间 \times 膜面积}$$

③ 表面活性剂浓缩倍数(N)

$$N = \frac{浓缩液中表面活性剂浓度}{原料液中表面活性剂浓度}$$

④ 在坐标上绘制 R-流量、J-流量和 N-流量的关系曲线。

F　结果与讨论

(1) 请说明超滤膜分离的机理。

(2) 超滤组件长期不用时,为何要加保护液?

(3) 在实验中,如果操作压力过高会有什么后果?

（4）提高料液的温度对膜通量有什么影响？

（5）在启动泵之前为何要灌泵？

【参考文献】

［1］乐清华.化学工程与工艺专业实验［M］.北京：化学工业出版社，2008.

［2］凯斯延．合成聚合物膜（第 2 版）［M］.北京：化学工业出版社，1992.

［3］高以烜，等.膜分离技术基础［M］.北京：科学出版社，1989.

第4章

精细化学实验

实验 1　活性艳红 X-3B 的制备

A　实验目的

（1）理解活性染料的反应原理。

（2）掌握 X 型活性染料的合成方法。

B　实验原理

活性染料又称反应性染料，其分子中含有能和纤维素纤维发生反应的基团。按活性基团不同，可分为 X 型、K 型、M 型、KN 型、KD 型等。有关活性基团介绍请同学们参考相关书籍进行学习。

活性艳红 X-3B 的英文名称为 Reactive brilliant red X-3B，是枣红色粉末，溶于水呈现出蓝光红色。遇铁对色光无影响，遇铜色光稍暗。其可用于棉、麻、粘胶纤维以及蚕丝、羊毛、锦纶的染色；可用于丝绸印花，能与直接染料、酸性染料同印；能与活性金黄 X-G、活性蓝 X-R 组成三原色，拼染多种中至深色的颜色，如橄榄绿、草绿、墨绿等，色泽饱满。

活性艳红 X-3B 为二氯三嗪型（即 X 型）活性染料。构造发色体的母体染料一般按酸性染料的合成方法进行合成；活性基团的引进一般是由母体染料和三聚氯氰缩合得到。若以氨基萘酚磺酸作为耦合组分，则为了避免发生副反应，一般先将氨基萘酚磺酸和三聚氯氰缩合，再进行耦合反应，这样可使耦合反应完全发生在羟基的邻位上。

其反应方程式如下：

（1）缩合

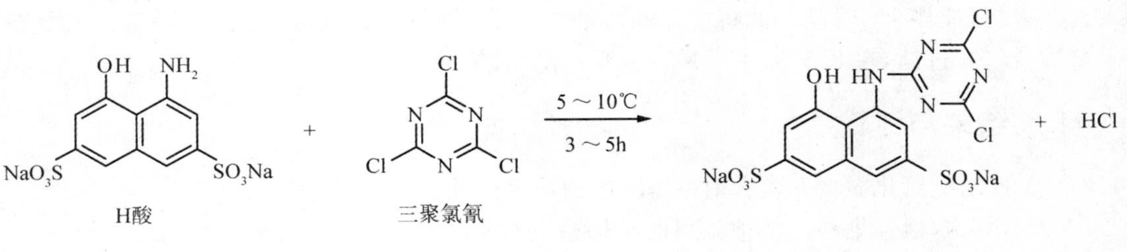

H酸　　　　　　　　　三聚氯氰

（2）重氮化

$$\text{C}_6\text{H}_5-\text{NH}_2 + \text{NaNO}_2 + 2\text{HCl} \xrightarrow{0\sim5℃} \text{C}_6\text{H}_5-\overset{+}{\text{N}_2}\overset{-}{\text{Cl}} + \text{NaCl} + 2\text{H}_2\text{O}$$

（3）耦合

$$\text{C}_6\text{H}_5-\overset{+}{\text{N}_2}\overset{-}{\text{Cl}} + \text{H酸-三嗪} \xrightarrow[\text{Na}_2\text{CO}_3,\ \text{Na}_3\text{PO}_4]{0\sim5℃} \text{偶氮产物} + \text{HCl}$$

C　实验仪器与试剂

（1）主要仪器

电加热套及电动搅拌器等。

（2）主要试剂

H 酸、苯胺、三聚氯氰、盐酸、亚硝酸钠、碳酸钠、磷酸三钠、尿素、磷酸二氢钠、磷酸氢二钠及氯化钠等。

D　实验步骤与方法

（1）缩合反应

在装有电动搅拌器、滴液漏斗和温度计的 250mL 的四口烧瓶中加入 30g 碎冰、25mL 冰水和 5.6g(0.03mol) 三聚氯氰，在 0℃ 搅拌 20min，然后在 1h 内中加入 H 酸溶液[10.2g (0.03mol)H 酸和 1.6g 碳酸钠溶解在 68mL 水中]，加完后在 8～10℃ 下搅拌 1h，过滤，得黄棕色澄清缩合液。

（2）重氮化反应

在 250mL 烧杯中加入 10mL 水、36g 碎冰、7.4mL 30%盐酸、2.8g(0.03mol)苯胺，不断搅拌，在 0～5℃ 时于 15min 内加入 2.1g(0.03mol)亚硝酸钠(配成 30%溶液)，加完后在 0～5℃ 搅拌 10min，得淡黄色澄清重氮液。

（3）耦合反应

在 500mL 烧杯中加入上述缩合液和 20g 碎冰，在 0℃ 时一次加入重氮液，再用 20%磷酸三钠溶液调节 pH 至 4.8～5.1。反应温度控制在 0～5℃，继续搅拌 1h。用 20%碳酸钠溶液调节 pH 至 6.8～7。加完后搅拌 3h。此时溶液总体积约为 310mL，然后按体积的 25%加入食盐盐析，搅拌 1h，过滤。滤饼中加入适量 2%的磷酸氢二钠水溶液和 1%的磷酸二氢钠水溶液，搅匀，过滤，在 85℃ 以下干燥。称量产品，计算收率。

E　结果与讨论

（1）控制重氮化温度和耦合时的 pH 值的原因是什么？

（2）什么叫活性染料？活性染料的结构特点有哪些？

F　安全与环保

三聚氯氰遇空气中水分会逐渐水解并放出氯化氢,用后必须盖好瓶盖。亚硝酸盐,重氮化、耦合中的芳烃都有毒性,实验时应注意防护。染料有很强的染色能力,注意防止碰到衣物、皮肤上。

【参考文献】

[1] 冷士良. 精细化工实验技术[M]. 北京:化学工业出版社,2005.
[2] 宋小平. 染料制造技术[M]. 北京:科学技术文献出版社,2001.

实验 2　染色实验

A　实验目的

(1) 用几种典型染料对几种不同类型的纤维进行染色实验。

(2) 简单考察染色机理。

B　实验原理

(1) 染料主要类型

① 酸性染料

② 直接染料

③ 阳离子染料和碱性染料

④ 分散染料

⑤ 活性染料

⑥ 还原染料

⑦ 酸性媒介染料

(2) 商品染料的质量评价

① 物化指标:物化指标包括商品染料中的染料含量、杂染料含量、水分含量、其他杂质或其他助剂的含量(如无机盐、填充剂等含量);此外,还包括染料的细度与分散度、染料在水中的溶解度等指标,以及染料在某特定的溶剂中的最大吸收波长(λ_{max})和染料的色度值等指标。

② 染色牢度指标:主要包括耐光牢度、耐洗牢度、耐漂白牢度、耐酸牢度、耐碱牢度、耐缩绒牢度、耐升华牢度、耐气候牢度、耐汗渍牢度、耐摩擦牢度等,其中以耐光牢度和耐洗牢度两项指标最为重要。

C　实验仪器与试剂

(1) 主要仪器

烧杯(100、250mL)、试管及玻璃棒等。

（2）主要试剂与材料

二号橙、刚果红、靛蓝、萘酚 AS（或 β-萘酚）、对硝基苯胺、活性艳红 X-3B、油溶性偶氮染料 4-偶氮苯-2-偶氮萘酚、乙酸、硫酸钠、碳酸钠、连二亚硫酸钠（保险粉）、氢氧化钠、盐酸、亚硝酸钠、交联剂 EH、三水合醋酸钠晶体、元明粉、95％乙醇、无水乙醇、冰块、蒸馏水、中性洗涤剂及肥皂水溶液等。

5cm×5cm 羊毛、丝、尼龙、棉、聚丙烯腈（腈纶）、聚酯（涤纶）等布料片，5cm×5cm 聚乙烯薄膜等。

D　实验步骤与方法

（1）用酸性染料染色

取 5mL 0.5％ 二号橙染料溶液放入 250mL 烧杯中，加水 60mL 后充分搅拌，再加入 5mL 0.5％乙酸溶液和 3mL 5％硫酸钠溶液，加热至 40～50℃。将大小为 5cm×5cm 的羊毛、丝、尼龙、棉、腈纶、涤纶等布料放入染缸内，用 2 根玻璃棒操作不使布料浮出染液，与此同时，在保持染液微沸的程度下，加热与 40～50min。当水分被蒸发减少时，应及时补足减少的量。

羊毛、丝、尼龙、棉、聚丙烯腈（腈纶）、聚酯（涤纶）等纤维布料，买来前可能上过浆，因此在染色前要把布上的浆去掉。染棉布前，应将棉布在 2％碳酸钠溶液中煮沸 2h，再经水洗；对其他纤维的织物，染色之前需要在 60～70℃（羊毛在 40℃左右）的中性洗涤剂溶液中洗涤 20～30min。

染色完成后，先用自来水认真冲洗染布，压干水分，再用中性洗涤剂洗，压干水分，最后用水洗。把布夹在滤纸中间用力挤压去水，展平干燥，按照染色好坏的顺序贴在记录本上。

（2）用直接染料染色

用 5mL 0.5％刚果红染料溶液，加至 250mL 烧杯中，加水 50mL 后充分搅拌。再加入 5mL 0.5％碳酸钠溶液和 6mL 5％硫酸钠溶液后，加热至 40～50℃。将 5cm×5cm 大小的羊毛、丝、尼龙、棉、腈纶、涤纶等布片放进染浴中，用玻璃棒进行布片的染色操作，在微沸的状态下加热约 30～40min，同时补充被蒸发的水分。染色完成后，进行洗涤、干燥等处理。

（3）用还原染料染色

取 5mL 0.5％靛蓝水溶液加入 250mL 烧杯中，加入几滴乙醇混合成糊状。再加 5％氢氧化钠溶液 10mL 和连二亚硫酸钠 0.6g，混合均匀后加约 70mL 经过煮沸除去氧的 70℃左右的水。缓缓地搅拌后静置 20～30min，靛蓝此时被还原成黄色溶液。再向其中加入煮沸后冷却至 50～60℃的水 70mL。放入事先在热水中润湿过、拧干、大小约 5cm×5cm 的棉布，进行 30min 左右染色后，取出挤去水分，使之在空气中氧化、显色，水洗，用中性洗涤剂洗后进行干燥。

（4）用偶氮染料染色

取 5mL 0.5％ 萘酚 AS（或 β-萘酚）放入 100mL 烧杯中，加入几滴乙醇搅拌成糊状，向其中加入 7mL 5％氢氧化钠溶液和 50mL 水，加热后使其溶解，待冷到 20～30℃，放入事先在热水中润湿、拧干、大小 5cm×5cm 的棉布，浸泡 20min 后取出拧干。

另外取 5mL 0.5% 对硝基苯胺水溶液放入 250mL 的烧杯中,加入 5% 盐酸 10mL 和水 30mL,加热溶解。冷却后加入 20g 左右的碎冰,将 5mL 5% 亚硝酸钠溶液一次加入进行重氮化反应。10min 后,加入结晶醋酸钠 2g,调节溶液的 pH 约为 4,然后把溶液稀释至约 100mL,得到重氮盐的溶液。

把按上述方法处理过的棉布放入上述重氮盐的溶液中,20min 左右显色。用沸腾的肥皂水溶液处理棉布 3～5min 之后,水洗、干燥。

使用 β-萘酚时可以省去用沸腾肥皂水处理这一步。

(5) 用分散染料染色

在带有回流冷凝器的圆底烧瓶中加入约 0.1g 油溶性偶氮染料 4-偶氮苯-2-偶氮萘酚,再向其中加入 20mL 无水乙醇,加热使染料溶解。将适量的聚乙烯薄膜投入其中,在接近乙醇沸点的温度下加热 10～20min。取出薄膜,用肥皂水认真洗涤,再经水洗、干燥。

另外,把聚乙烯薄膜用二号橙溶液进行同样的处理,观察是否着色。

(6) 用活性染料染色

取 5mL 0.5% 活性艳红 X-3B 水溶液,加入 250mL 烧杯中,加水 50mL 后充分搅拌,再加入 1.5g 元明粉,加热至 30～35℃,放入事先在热水中润湿、拧干、大小 5cm×5cm 的棉布进行染色,浸泡 30min 后取出拧干。

在另一只 250mL 烧杯中加入 5mL 0.5% 活性艳红 X-3B 水溶液,加水 50mL 后充分搅拌,加入 5% 碳酸钠水溶液,调节溶液的 pH 值为 10～11,放入事先在热水中润湿、拧干、大小 5cm×5cm 的棉布进行染色,把溶液加热至 40～45℃ 固色,保持约 20min,同时补充被蒸发的水分。取出棉布,挤干水分,然后用肥皂水漂洗、压干,再用 10mL 5% 交联剂 EH 溶液浸润、压干,最后进行干燥处理。

E　结果与讨论

(1) 活性染料染色的原理是什么?

(2) 染料废水中的主要污染物有哪些?

F　安全与环保

基于实验本身的性质,手、衣服、实验台等容易被弄脏,需要特别加以注意。染过的布进行水洗时,可以将布连同存放染液的烧杯一同放入水槽中,用玻璃棒进行水洗,在洗不出颜色后再洗一会儿。还要注意:酸性染料会牢牢地粘在手上,做实验时最好带乳胶手套。

【参考文献】

[1] 冷士良. 精细化工实验技术[M]. 北京:化学工业出版社,2005.

实验 3　乳状液的制备和性质

A　实验目的

（1）了解乳状液形成的基本原理。

（2）掌握乳状液的制备及鉴别性质的方法。

B　实验原理

乳状液是一种或两种液体（严格地说应是液体或液晶）以细小的液珠分散在与其不相混溶的液体中所形成的多相分散体系。形成液珠的一相称为分散相；另一相称为分散介质。组分最简单的乳状液包含两种液体：一种液体是水或水溶液；另一种液体是基本不溶于水的有机液体，如苯、四氯化碳、石油醚等，这些物质统称为"油"。若油为分散相而水为分散介质，这种乳状液称为"水包油"型，以 O/W 表示，例如牛奶就是奶油分散在水中形成的 O/W 乳状液；反之，若水为分散相，而油为分散介质，这种乳状液称为"油包水"型，以符号 W/O 表示，如原油就是细小水珠分散在油中形成的 W/O 乳状液。

将两种不互溶的液体放在一起，用力振荡即可得到乳状液。但是这种乳状液极不稳定，迅速分为油、水两相。要得到稳定的乳状液，必须加入第三种物质——乳化剂。用作乳化剂的物质有天然物质（如蛋白质）、合成表面活性剂（如脂肪酸皂类）以及固体粉末（如黏土）等。研究认为，乳化剂能稳定乳状液的主要因素是在油水界面上形成了具有一定强度的界面膜。当然，表面活性剂吸附于界面，使界面张力降低，也是使乳状液稳定的因素之一。

乳化剂不仅是形成稳定的乳状液必不可少的组分，而且还可以决定乳状液的类型。例如用脂肪酸钠盐为乳化剂，则生成 O/W 型的乳状液；若用脂肪酸钙盐为乳化剂，则生成 W/O 型的乳状液。这主要与乳化剂的分子结构有关，由此得出了"楔形"理论，其示意图如图 4-1 所示。此外，如乳化剂的亲水性、乳化器材料的性质等，均对乳状液类型有影响。

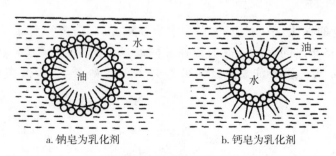

a. 钠皂为乳化剂　　　　　　　　b. 钙皂为乳化剂

图 4-1　乳化剂对乳状液类型的影响

一般确定乳状液类型的方法，有下列三种：

（1）稀释法。将水加入乳状液中，若水与分散介质互溶，则乳状液是 O/W 型；若水与分散介质不互溶，出现分层现象，则乳状液是 W/O 型。

（2）染色法。将油溶性染料，如苏丹Ⅲ加到乳状液中，若分散相呈红色，则乳状液是O/W型；若分散介质呈现红色，则乳状液是W/O型。另外，也可以用水溶性染料，如次甲基蓝进行实验。但结果与上述相反，即当分散相呈现蓝色时为W/O型；若分散介质呈现蓝色，则为O/W型。

（3）电导率法。水和水溶液的电导率一般大于油溶性溶剂的电导率。O/W型乳状液的电导率也大于W/O型乳状液的电导率。根据电导率的大小，可以确定乳状液的类型。

当加入某种物质后，乳状液可以由一种类型转变为另一种类型，这种现象称为乳状液的"转相"。例如，在以钠皂为乳化剂的O/W型乳状液中，加入钙盐，则可以转化为W/O型乳状液。

在日常生活及生产过程中，我们希望得到稳定的乳状液，但在某些情况下，却要使乳状液被破坏，即破乳。例如，原油是W/O型乳状液，这种含水的原油不仅质量不好，还会严重腐蚀设备，因此必须破乳以提高原油质量。

常用的破乳方法有下列几种：

（1）顶替法。在乳状液中加入一种表面活性较大，但所形成的界面膜强度不大的物质（如戊醇）。由于它的表面活性大，吸附力强，可将原来的乳化剂顶替下来，可是它又不能形成一定强度的界面膜，所以乳状液的稳定性降低以达到破乳的目的。

（2）化学破坏法。当用脂肪酸皂作为乳化剂时，往乳状液中加入无机酸，皂类与酸反应生成了脂肪酸。因为脂肪酸不易溶于水而析出，失去了乳化作用，这也可以破乳。

（3）高压电法。在高压电场的作用下，使原油中的水分子定向互相吸引，水滴加大，从而达到破乳的目的。

大量实验证明，乳状液的形成分为两步。首先是在剧烈振荡或搅拌下，油相和水相互相混合，各相逐渐成为细小的液滴，分散到另一相中，然后其中的一相再合并为分散介质，而形成乳状液。因此在制备乳状液时，必须注意掌握振荡和搅拌时间，长时间的连续振荡和搅拌不一定能达到预期的效果。最好采用间歇振荡的方法，比较有效。

本实验主要是以油酸钠、油酸钙、失水山梨醇单油酸酯（商品名称为Span）、聚氧乙烯失水山梨醇单油酸酯（商品名称为Tween）等表面活性剂作为乳化剂进行实验。

C　实验仪器与试剂

（1）主要仪器

DDS-11A型电导率仪　1台　　　　　　　光学显微镜　1台
磨口锥形瓶（100mL）　4只　　　　　　磨口锥形瓶（200mL）　1只
烧杯（50mL）　1只　　　　　　　　　量筒（10mL）　1只
量筒（50mL）　1只　　　　　　　　　滴定管（25mL）　1支
试管　5支　　　　　　　　　　　　　滴管　若干

（2）主要试剂

油酸钠、油酸钙、Tween-80、Span-80、苏丹Ⅲ、次甲基蓝、$CaCl_2$、苯（AR）、冰醋酸（AR）、戊醇（AR）。

D　实验内容

（1）乳状液的制备

① 取 2% 的油酸钠溶液 20mL 置于 200mL 磨口锥形瓶中，加入 2mL 苯，激烈振荡半分钟，再加入 2mL 苯，再激烈振荡半分钟，直至加苯总量为 20mL 为止，仔细观察每次加苯及振荡后的现象，塞紧锥形瓶，备用。此为乳状液 I。

② 取 0.2% 的油酸钙苯溶液 14mL 置于 100mL 磨口锥形瓶中，每次加入 1mL 水，激烈振荡半分钟，直至加入 6mL 水为止，塞紧锥形瓶，备用。此为乳状液 II。

③ 取 0.2% 的 Tween-80 溶液 10mL 置于 100mL 磨口锥形瓶中，每次加入 1mL 苯，激烈振荡半分钟，直至加入 10mL 苯为止，塞紧锥形瓶，备用。此为乳状液 III。

④ 取 6mL 水于 100mL 的锥形瓶中，将 0.2% 的 Span-80 苯溶液 14mL（预先配制于 100mL 磨口锥形瓶中）逐步加入其中。此为乳状液 IV。

（2）乳状液类型的鉴别

① 稀释法。取试管一支，装入一半体积的水，用玻璃棒蘸取乳状液 I 少许于水中，轻轻搅拌，观察有什么现象，并记录之。

② 染色法。取 2mL 乳状液 I 于试管中，加入苏丹 III 溶液 2 滴，摇匀。取其滴于载片上，在显微镜下观察之。记下显红色的是分散相还是分散介质。

再用次甲基蓝溶液，按上述操作，观察显蓝色的是分散相还是分散介质，并记录之。

③ 电导率法。将 30mL 乳状液 I 倒入 50mL 小烧杯中，按测定电导率的方法操作，视指针偏转的大小，确定乳状液的类型。

④ 在上述三种方法中，任选一种方法对乳状液 II、III、IV 进行鉴别，并记录所观察的现象。

（3）乳状液的转相

取 20mL 乳状液 I 置于 100mL 磨口锥形瓶中，用滴定管逐步加入 0.025mol/L 的 $CaCl_2$ 溶液，每次加入 1mL，激烈振荡半分钟后，测定其电导率，观察电导率随 $CaCl_2$ 溶液加入量的变化，至电导率突然下降为止。再用染色法确定其类型。

（4）破乳

① 取 2mL 乳状液 I 置于试管中，再加入 2mL 戊醇，剧烈振荡后，静置 5min，目测所发生的变化。并取少量乳状液，在显微镜下观察之。记录所看到的现象。

② 取 2mL 乳状液 I 置于试管中，再缓慢加入 2mL 冰醋酸，观察其变化情况。振荡后静置，发生什么现象？并用显微镜观察之。

E　结果与讨论

（1）氯化钙为强电解质，为什么在将其加入乳状液的过程中，乳状液的电导率会随其加入量的增多而降低？

（2）试讨论决定乳状液稳定性的因素。

F　安全与环保

（1）要制备稳定的乳状液，最好采取间歇振荡和搅拌的方法，并控制好振荡和搅拌时间。

（2）本实验中采用苯为油相，请注意其毒性。

【参考文献】

[1] 贝歇尔著. 乳状液的理论与实践[M].北京大学化学系胶体化学教研室译.北京：科学出版社,1978.

[2] 普季洛娃著. 胶体化学实验指南[M].南开大学化学系物理化学教研室译. 北京：高等教育出版社,1955.

[3] 赵国玺.表面活性剂物理化学[M].北京：北京大学出版社,1996.

实验 4　苯丙乳液的制备和性能测定

A　实验目的

（1）了解苯丙乳液的性质、用途和发展概况。

（2）掌握苯丙乳液的聚合方法和工艺。

B　实验原理

（1）主要性质和应用

引入硬单体苯乙烯的丙烯酸酯类乳液体系,简称为苯丙乳液。我国从 20 世纪 70 年代起开始研制苯丙乳液体系,80 年代正式投入使用。其通常为乳白色带蓝光的黏稠液体,在黑色的底板上涂抹乳液,其蓝光较明显。蓝光较好的乳液,说明聚合时粒径较小,质量好。质量差的乳液,往往呈乳白色无蓝光或者呈绿光。苯丙乳液既具有丙烯酸酯类聚合物的优点,如耐光性、耐候性、耐碱性、耐水性、耐湿洗性好,外观细腻,附着力强,成膜性好,又由于在共聚物中引入了苯乙烯链段,使得涂料耐水性、耐碱性、硬度、抗污性和抗粉化性都大大提高,成本较纯丙乳液低,故而成为最通用、最常见的乳液品种;它还可广泛用作内外墙涂料、地板上光剂、彩砂涂料、凸凹底漆、真石漆、胶粘剂等。但还存在一些问题：最低成膜温度偏高,钙离子稳定性偏低,乳液流变性特别是黏度不能有效地调节;与溶剂型涂料相比,乳胶涂料干燥性、流动性、耐久性和成膜性差,这成为其取代溶剂型产品的一大障碍;同时,高性能涂料要求有较高的强度、弹性和附着力,以及十分突出的耐候性、耐沾污性、耐水性、耐酸碱性、透气性和高光泽性,这些要求大大限制了苯丙乳液的发展和使用。通过研究找到合适的方法、配方、聚合工艺以制得粒径小、分布窄、乳化剂含量低、单体含量高的苯丙乳液是努力的方向。

随着乳液聚合理论的发展,乳液聚合技术也在不断地创新,出现了许多乳液聚合新方法,如反相聚合、无皂乳液聚合、乳液定向聚合、微乳液聚合、非水介质中的正相聚合、分散聚合、乳液缩聚、辐射乳液聚合以及制备具有异形结构乳胶粒的乳液聚合等等。应用这些技术可以制备各种高性能乳液聚合物,如常温交联型聚合物乳液、核壳型结构聚合物乳液、纳米粒子聚合物乳液、反应性聚合物乳液和互穿网络聚合物乳液。一些新技术,如核壳乳液聚合、无皂乳液聚合、无机-有机复合乳液聚合技术等已在国外树脂生产中得到广泛应用,耐冻融性能、低温施工性能、贮存稳定性等有了很大提高和改善。上述几种乳液聚合技术代表了当今建筑涂料和工业乳胶漆生产的先进技术,在国外工业生产中已得到成功的应用。

乳液的性能指标如表 4-1 所示。

表 4-1　乳化液的质量指标

检测项目	性能指标
外观	带蓝光乳白色乳液
固含量/%	42
pH 值	7.5
最低成膜温度/℃	6.3
黏度(NDJ－79)/(MPa・s)	225
机械稳定性	通过(无破乳)
钙离子稳定性	通过(1:1)
冻融稳定性	通过(无絮凝)

(2) 合成原理和工艺

苯丙乳液聚合体系主要由单体、水、乳化剂及溶于水的引发剂组成。

① 单体。现已开发的丙烯酸单体数量很多,主要是丙烯酸类和甲基丙烯酸类。不同的单体赋予聚合物产品不同的基本性能,如硬度、抗拉、抗张强度、弹性、粘接性、柔软性、附着力、耐水性、耐溶剂性、耐光性、抗沾污性等等。可根据使用要求选择合适单体。

② 乳化剂。乳化剂是可以形成胶束的一类表面活性物质。它可以降低表面张力、界面张力,起乳化、分散、增溶作用。按照乳化剂分子中亲水基团性质的不同,它们分成四类,即阳离子型乳化剂、阴离子型乳化剂、非离子型乳化剂及两性乳化剂。在乳液聚合系统中,乳化剂虽然不直接参加化学反应,但它是最重要的组分之一,在乳液聚合过程中起着重要的作用。乳化剂的种类和浓度将直接影响引发速率及增长速率,它还会影响决定聚合物性能的聚合物的相对分子质量及相对分子质量分布,以及影响与乳液性质有关的乳胶浓度、乳胶粒的尺寸分布等等。更重要的是,它决定着乳液聚合操作能否正常进行、乳液产品的储存、酸碱盐及应用稳定性。

③ 引发剂。引发剂也是乳液聚合配方中最重要的组成部分之一。引发剂的种类和用量会直接影响产品的产量和质量,并影响聚合的反应速率。乳液聚合过程对其所利用的引发剂有着特殊的要求。和本体聚合或悬浮聚合不同,乳液聚合过程所采用的引发剂大多不溶于单体,而溶于连续相,即对正相乳液聚合来说,则要求引发剂溶于油相。根据生成自由基的机理,可以将用于乳液聚合的引发剂分成两类:一类是热分解引发剂;另一类是氧化还原引发剂。热分解引发剂为受热即可直接分解出具有引发活性自由基的一类物质,在乳液聚合生产中,最有意义的热分解引发剂是过硫酸盐。在热的作用后,一个这样的引发剂分子可简单地分解成两个 $SO_4^- \cdot$ 。

$$S_2O_8^{2-} \longrightarrow 2SO_4^- \cdot$$

而氧化还原引发剂系统是由两种或多种组分构成的。在这些组分中,有两种组分是必需的:一种为氧化剂,另一种为还原剂,这些组分之间进行氧化还原反应,即可生成具有引发活性的自由基。例如,在过硫酸盐-亚硫酸氢盐体系中,所采用的过硫酸盐为氧化剂,而亚硫酸氢盐则为还原剂,它们之间将进行如下的氧化还原反应,生成具有引发活性的自由基 $SO_4^- \cdot$。

$$S_2O_8^{2-} + HSO_3^- \longrightarrow SO_4^- \cdot + SO_4^{2-} + HSO_3 \cdot$$

乳液聚合的工艺包括:

① 间歇反应。将单体全部预乳化,然后升温至反应温度,加入引发剂引发反应。

② 半连续乳液聚合反应。先将部分乳化剂、引发剂、助剂和水加入反应器中,打开恒温水浴加热,同时开动搅拌器。当温度升至反应温度时,同时滴加混合单体和部分乳化剂、引发剂、助剂溶液。滴加约 3h。滴加完后升温至 90℃ 保温一定时间,再降温至 55℃ 以下,将乳液倒出。

③ 单体预乳化半连续种子乳液聚合。先在种子釜中加入部分水、乳化剂、单体和水溶性引发剂进行乳液聚合,生成数目足够多、粒径足够小的乳胶粒,这样的乳液称作种子乳液。然后取一定量的种子乳液投入聚合釜中,并在釜中加入水、乳化剂、单体及水溶性或油溶性引发剂,以种子乳液的乳胶粒为核心,进行聚合反应,使乳胶粒不断长大。在进行种子乳液聚合时,要严格地控制乳化剂的补加速度,以防形成新的胶束和新的乳胶粒。

反应热的集中释放,过高的反应温度(>80℃),体系中电解质的量过大,体系中混有杂质,搅拌速度过高(>400r/min)或过低(<120r/min),不合适的原料配比及用量、乳化剂用量与阴/非离子乳化剂配比、反应时间和交联剂等等均可导致凝聚。

C 实验仪器与试剂

(1)主要仪器

四口烧瓶(250mL)、球形冷凝管、温度计(0~100℃)、电动搅拌器、滴液漏斗(100mL)、电热套、烧杯(50、250、1000mL)、水浴锅、离心机、离心管、旋转黏度计(NDJ-8)、酸度计、表面皿、烘箱、载玻片(4 片)。

(2)主要试剂

苯乙烯(St)、甲基丙烯酸甲酯(MMA)、丙烯酸丁酯(BA)、丙烯酸(AA)、过硫酸铵(APS)、烷基酚聚氧乙烯(OP)、十二烷基硫酸钠(SDS)、碳酸氢钠、去离子水。

D 实验步骤与方法

(1)配方

苯乙烯(St) 20g	甲基丙烯酸甲酯(MMA) 2g
丙烯酸丁酯(BA) 24g	丙烯酸(AA) 1g
过硫酸铵(APS) 0.3g	烷基酚聚氧乙烯醚(OP) 1.2g
十二烷基硫酸钠(SDS) 0.4g	碳酸氢钠 0.2g
去离子水 60mL	

(2)制备工艺

将 St、MMA、BA、AA 混合在一起,取总量的 4/5 的混合单体、0.48g OP、0.16g SDS、25mL 去离子水,预乳化 25min,然后装入分液漏斗,再将 APS 以 10mL 去离子水溶解,按配方将 0.72g OP、0.24g SDS、0.2g $NaHCO_3$ 和 25mL 去离子水加入装有冷凝管温度计的四口烧瓶中搅拌,升温至 60℃,加入剩余的 1/5 的混合单体和 1/2 的 APS 水溶液,预乳化 15min,升温到 80℃进行反应 1.5h,制成种子。然后在 77℃缓慢滴加剩余的单体(以反应瓶内壁很少出现回流为度),同时分次加入剩余的引发剂的水溶液,在 3～3.5h 滴完,再升温到 90℃反应 0.5h,冷却到 45℃,加入氨水调节到 pH 值为 7～7.5,倒出即可。整个过程中,搅拌速度控制在 200r/min。

（3）性能测试

固含量:取一容器准确称出其质量 m_1,然后称取 2g 左右乳液加入其中,称量 m_2,将容器及乳液在 120℃恒温 2h 后冷却至室温,称量 m_3。

$$固含量(\%) = \frac{m_3 - m_1}{m_2 - m_1} \times 100\%$$

乳液成膜性的评价:用湿膜制备器在玻璃板上制备平整、厚度一致的 $100\mu m$ 厚的薄膜,待干燥后看其是否连续,有无缩孔、缩边,并查看其透明性、光滑性,以及是否发黏。

耐水性:将制得的固化膜在室温养护 7d 后,放入蒸馏水中,观察涂膜的变化及脱落时间。

钙离子稳定性:在试管中加入 5mL 乳液,再加入 0.5% $CaCl_2$ 溶液 5mL,搅拌均匀,静置 24h,看有无凝聚、分层现象。

机械稳定性:用 4000r/min 高速搅拌 60s,看有无凝胶及破乳现象。

吸水率:将制得的固化膜干燥,称量 m_4,然后浸入蒸馏水中,24h 后取出,用滤纸吸掉表面的水分,用电光分析天平称量 m_5。

$$吸水率(\%) = \frac{m_5 - m_4}{m_4} \times 100\%$$

稀释稳定性:将乳液稀释至固含量为 3%,静置 24h,看有无分层及凝胶现象。

涂膜的耐沾污性:将制备的乳胶漆涂覆在玻璃板上成膜,自然干燥后,在涂膜上撒上粉煤灰,用毛笔在上面来回刷 100 次,再用毛笔扫下涂膜上的粉煤灰,用自来水冲洗,观察涂膜表面颜色的变化。

涂膜的耐水性:将涂膜玻璃板养护 7d 后封边,浸泡在 20～38℃的自来水中,观察涂膜是否起泡、脱落。

E　结果与讨论

（1）试述苯丙乳液合成的原理和工艺。

（2）十二烷基硫酸钠(SDS)在实验中的主要作用是什么?

（3）试根据性能测试结果评价你合成的产品。

F　安全与环保

苯乙烯是恶臭物质,注意通风。

【参考文献】

[1] 曹同玉,刘庆普,胡金生.聚合物乳液合成原理性能及应用[M].北京:化学工业出

版社,1997.

[2] 虞兆年.涂料工业(增订本第二分册)[M].北京:化学工业出版社,1996.

实验 5　苯佐卡因的合成

A　实验目的

(1) 通过苯佐卡因的合成,了解药物合成的基本过程。
(2) 掌握氧化、酯化和还原反应的原理及基本操作。

B　实验原理

苯佐卡因(benzocaine)为局部麻醉药,外用为撒布剂,用于治疗手术后创伤痛、溃疡痛、一般性痒等。苯佐卡因化学名为对氨基苯甲酸乙酯,化学结构式为:

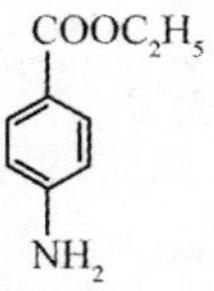

苯佐卡因为白色结晶性粉末,味微苦而麻;熔点 88~90℃;易溶于乙醇,极微溶于水。

合成路线如下:

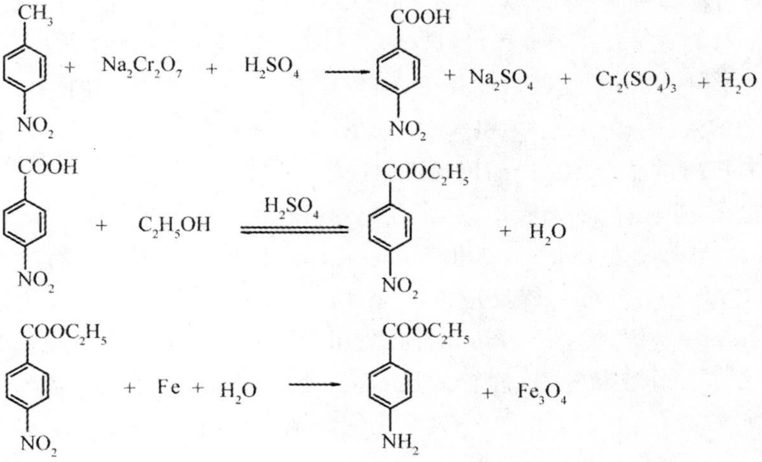

C　实验仪器与试剂

(1) 主要仪器

三口烧瓶(250mL)、球形冷凝管、温度计、电动搅拌器、布氏漏斗、滴液漏斗(100mL)、电热套、烧杯(50、250、1000mL)、水浴锅、酸度计、表面皿、烘箱、圆底烧瓶。

（2）主要试剂

重铬酸钠、对硝基甲苯、无水乙醇、冰醋酸、氯仿、铁粉、氯化铵、硫酸、氢氧化钠、碳酸钠、氯化钙、活性炭。

D　实验步骤与方法

（1）对硝基苯甲酸的制备（氧化）

在装有搅拌棒和球形冷凝器的 250mL 三口烧瓶中，加入重铬酸钠（含两个结晶水）23.6g，水 50mL，开动搅拌，待重铬酸钠溶解后，加入对硝基甲苯 8g，用滴液漏斗滴加 32mL 浓硫酸。滴加完毕，直火加热，保持反应液微沸 60～90min（反应中，球形冷凝器中可能有白色针状的对硝基甲苯析出，可适当关小冷凝水，使其熔融）。冷却后，将反应液倾入 80mL 冷水中，抽滤。残渣用 45mL 水分三次洗涤。将滤渣转移到烧杯中，加入 5% 硫酸 35mL，在沸水浴上加热 10min，并不断搅拌，冷却后抽滤，滤渣溶于温热的 5% 氢氧化钠溶液 70mL 中，在 50℃ 左右抽滤，滤液中加入活性炭 0.5g 脱色（5～10min），趁热抽滤。冷却，在充分搅拌下，将滤液慢慢倒入 15% 硫酸 50mL 中，抽滤，洗涤，干燥得本品，计算收率。

（2）对硝基苯甲酸乙酯的制备（酯化）

在干燥的 100mL 圆底烧瓶中加入对硝基苯甲酸 6g、无水乙醇 24mL，逐渐加入浓硫酸 2mL，振摇使混合均匀，装上附有氯化钙干燥管的球形冷凝器，油浴加热回流 80min（油浴温度控制在 100～120℃）；稍冷，将反应液倾入 100mL 水中，抽滤；滤渣移至乳钵中，研细，加入 5% 碳酸钠溶液 10mL（由 0.5g 碳酸钠和 10mL 水配成），研磨 5min，测 pH 值（检查反应物是否呈碱性），抽滤，用少量水洗涤，干燥，计算收率。

（3）对氨基苯甲酸乙酯的制备（还原）

A 法：在装有搅拌棒及球形冷凝器的 250mL 三口烧瓶中，加入水 35mL、冰醋酸 2.5mL 和已经处理过的铁粉 8.6g，开动搅拌，加热至 95～98℃ 反应 5min，稍冷，加入对硝基苯甲酸乙酯 6g 和 95% 乙醇 35mL，在激烈搅拌下，回流反应 90min。稍冷，在搅拌下，分次加入温热的碳酸钠饱和溶液（由碳酸钠 3g 和水 30mL 配成），搅拌片刻，立即抽滤（布氏漏斗需预热），滤液冷却后析出结晶，抽滤，产品用稀乙醇洗涤，干燥得粗品。

B 法：在装有搅拌棒及球形冷凝器的 100mL 三口烧瓶中，加入水 25mL、氯化铵 0.7g、铁粉 4.3g，直火加热至微沸，活化 5min。稍冷，慢慢加入对硝基苯甲酸乙酯 5g，充分激烈搅拌，回流反应 90min。待反应液冷至 40℃ 左右，加入少量碳酸钠饱和溶液调至 pH7～8，加入 30mL 氯仿，搅拌 3～5min，抽滤；用 10mL 氯仿洗三口烧瓶及滤渣，抽滤，合并滤液，倾入 100mL 分液漏斗中，静置分层，弃去水层，氯仿层用 5% 盐酸 90mL 分三次萃取，合并萃取液（氯仿回收），用 40% 氢氧化钠调至 pH8，析出结晶，抽滤，得苯佐卡因粗品，计算收率。

（4）精制

将粗品置于装有球形冷凝器的 100mL 圆底烧瓶中，加入 10～15 倍（mL/g）50% 乙醇，在水浴上加热溶解。稍冷，加活性炭脱色（活性炭用量视粗品颜色而定），加热回流 20min，趁热抽滤（布氏漏斗、抽滤瓶应预热）。将滤液趁热转移至烧杯中，自然冷却，待结晶完全析出后，抽滤，用少量 50% 乙醇洗涤两次，压干，干燥，测熔点，计算收率。

（5）结构确证

① 红外吸收光谱法、标准物 TLC 对照法。

② 核磁共振光谱法。

E　注意事项

（1）氧化反应一步中，在用 5％氢氧化钠处理滤渣时，温度应保持在 50℃左右，若温度过低，对硝基苯甲酸钠会析出而被滤去。

（2）酯化反应需在无水条件下进行，如有水进入反应系统中，收率将降低。无水操作的要点是：原料干燥无水；所用仪器、量具干燥无水；反应期间避免水进入反应瓶。

（3）对硝基苯甲酸乙酯及少量未反应的对硝基苯甲酸均溶于乙醇，但均不溶于水。反应完毕，将反应液倾入水中，乙醇的浓度降低，对硝基苯甲酸乙酯及对硝基苯甲酸便会析出。这种分离产物的方法称为稀释法。

（4）还原反应中，因铁粉相对密度大，沉于瓶底，必需将其搅拌起来，才能使反应顺利进行，故充分激烈搅拌是铁酸还原反应的重要因素。A 法中所用的铁粉需预处理，方法为：称取铁粉 10g 置于烧杯中，加入 2％盐酸 25mL，在石棉网上加热至微沸，抽滤，水洗至 pH5～6，烘干，备用。

F　结果与讨论

（1）氧化反应完毕，将对硝基苯甲酸从混合物中分离出来的原理是什么？

（2）酯化反应为什么需要无水操作？

（3）铁、酸还原反应的机理是什么？

G　安全与环保

铁粉和酸反应时有氢气产生，应注意通风。

【参考文献】

［1］彭思勋.药物化学［M］. 北京：化学工业出版社，1988.

［2］袁正平，王汝龙.化工产品手册.药物［M］. 北京：化学工业出版社，1987.

［3］吴宪伟.化学实验技术基础［M］. 北京：化学工业出版社，1998.

实验 6　肉桂酸的制备

A　实验目的

（1）熟悉缩合反应原理，掌握肉桂酸的制备方法。

（2）熟练掌握利用重结晶和水蒸气蒸馏精制固体产物的操作技术。

B 实验原理

（1）肉桂酸的特性

肉桂酸又称 β-苯丙烯酸，英文名称为 cinnamic acid，化学式为 $C_9H_8O_2$，相对分子质量为 148.16。它有顺式和反式两种异构体，通常以反式形式存在，为无色晶体，熔点 133℃，沸点 300℃。它不溶于冷水，溶于热水、乙醇、乙醚、丙酮和冰醋酸。它存在于妥卢香脂、苏合香脂、秘鲁香脂中。

（2）肉桂酸的用途

肉桂酸是重要的有机合成工业中间体之一。在医药工业中，它用来制造"心可安"、局部麻醉剂、杀菌剂、止血药等；在农药工业中，它作为生长促进剂和长效杀菌剂用于果蔬的防腐；它是负片型感光树脂主要的合成原料；它具有很好的保香作用，通常被用作配香原料和香料中的定香剂。肉桂酸在食品、化妆品、食用香精等领域都有广泛的应用。

（3）肉桂酸的合成方法

① 苯基二氯甲烷法

苯基二氯甲烷和无水醋酸钠在 180～200℃反应生成肉桂酸。

$$\text{C}_6\text{H}_5\text{—CHCl}_2 + \text{CH}_3\text{COONa} \xrightarrow{180 \sim 200℃} \text{C}_6\text{H}_5\text{—CH=CHCOCH}_3 + \text{NaCl}$$

该法合成路线较短，苯基二氯甲烷价廉易得，反应条件温和，但转化率低，副产物多，产物中易含氯离子，影响在香料工业中的应用。

② 苯甲醛-丙酮缩合法

$$\text{C}_6\text{H}_5\text{—CHO} + \text{CH}_3\text{COCH}_3 \xrightarrow{\text{OH}^-} \text{C}_6\text{H}_5\text{—CH=CHCOCH}_3 + \text{H}_2\text{O}$$

$$\text{C}_6\text{H}_5\text{—CH=CHCOCH}_3 + 3\text{NaOCl} \longrightarrow \text{C}_6\text{H}_5\text{—CH=CHCOONa} + \text{CHCl}_3 + 2\text{NaOH}$$

$$2\,\text{C}_6\text{H}_5\text{—CH=CHCOONa} + \text{H}_2\text{SO}_4 \longrightarrow 2\,\text{C}_6\text{H}_5\text{—CH=CHCOOH} + \text{Na}_2\text{SO}_4$$

该法有合成路线长、能耗大、成本较高等缺点。

③ 珀金（Perkin）法

苯甲醛和乙酸酐在无水醋酸钾或醋酸钠存在下缩合生成肉桂酸。

$$\text{C}_6\text{H}_5\text{—CHO} + (\text{CH}_3\text{CO})_2\text{O} \xrightarrow{\text{CH}_3\text{COOK}} \text{C}_6\text{H}_5\text{—CH=CHCOOH} + \text{CH}_3\text{COOH}$$

该法具有原料易得、反应条件温和、分离简单、产率高、副产物少、产物纯度高、不含氯离子、成本低等优点,缺点是操作步骤较多。

本实验采用此法。反应产物中少量未反应的苯甲醛可通过水蒸气蒸馏除去。

C　实验仪器与试剂

（1）主要仪器

电加热套、电动搅拌器及水蒸气蒸馏装置等。

（2）主要试剂

苯甲醛、乙酸酐、无水醋酸钾、饱和碳酸钠溶液、浓盐酸及活性炭等。

D　实验步骤与方法

（1）缩合

将 9g(0.09mol) 刚融熔并研细的无水醋酸钾、9mL（0.09mol）刚蒸馏过的苯甲醛、16.5mL(0.18mol)刚蒸馏过的乙酸酐,分别放入带有回流装置、250mL 干燥的四口烧瓶中,开动搅拌混合均匀。无水醋酸钾必须是新熔融的。它的吸水性很强,操作时要快。无水醋酸钾的干燥程度对反应能否进行和产率的高低都有较明显的影响。久置的苯甲醛易自动氧化生成苯甲酸,这不但影响产率,而且苯甲酸混在产物中不易除尽,影响产物的纯度,所以需蒸馏除去杂质,接收 176～180℃的馏分。乙酸酐久置后因吸潮水解会生成乙酸,故实验前需蒸馏乙酸酐,接收 137～140℃的馏分。然后加热,使溶液保持 150～170℃微微沸腾状态约 1h。停止搅拌和加热,拆开装置。向四口烧瓶内倒入 25mL 水去除未反应的乙酸酐。最后用饱和碳酸钠水溶液中和,使溶液呈弱碱性。

（2）水蒸气蒸馏

用水蒸气蒸馏回收苯甲醛,直到馏出液中无油珠为止。向剩余液中加少许活性炭,补加 50mL 水煮沸,趁热过滤。

（3）中和、抽滤

用浓盐酸酸化滤液,使之 pH 值约为 2～3,再用冰水浴冷却。待肉桂酸完全析出后,经减压抽滤、洗涤,在 100℃以下的温度干燥,得到产物。称重,计算收率。

E　结果与讨论

（1）苯甲醛与乙酸酐反应结束后,如何除去过量的乙酸酐? 用 NaOH 是否可行,为什么?

（2）与普通化学品合成相比,药物合成有哪些特点?

F　安全与环保

产品、残液等有机物需收集,禁止倒入下水道。

【参考文献】

[1] 冷士良. 精细化工实验技术[M]. 北京:化学工业出版社,2005.

实验 7　丸剂的制备

A　实验目的

（1）初步学会中药丸剂的制备方法。

B　实验原理

中药丸剂,俗称丸药,系指药材细粉或药材提取物加适宜的黏合剂或其他辅料制成的球形或类球形制剂。其主要供内服。丸剂是我国传统剂型之一,我国早期医籍《黄帝内经》中就有关于丸剂的记载。丸剂按辅料不同,分为蜜丸、水蜜丸、水丸、糊丸、浓缩丸、蜡丸等;按制法不同,分为泛制丸、塑制丸及滴制丸。中药丸剂的主体由药材粉末组成。为便于成型,常加入润湿剂、黏合剂、吸收剂等辅料。此外,辅料还可控制溶散时限,影响药效。中药丸剂常用搓丸法或泛丸法制备。

滴丸剂系指固体或液体药物与适宜的基质加热熔化混匀后,滴入不相混溶的冷凝液中,经收缩冷凝制成的制剂。其主要供口服,也可供外用和局部(如眼、耳、鼻、直肠、阴道等)使用。滴丸剂中除主药以外的赋形剂均称为基质。用于冷却滴出的液滴,使之收缩冷凝而成滴丸的液体称为冷凝液。基质和冷凝液与滴丸的形成、溶出速度、稳定性等密切相关。滴丸剂的一般工艺流程为:

药物 基质 —— 溶解 混悬 乳化 —— 滴制 —— 冷却 —— 洗丸 —— 干燥 —— 质检 —— 包装

C　实验步骤与方法

[处方]　熟地黄　160g　　　　山茱萸　80g

　　　　牡丹皮　60g　　　　　山药　80g

　　　　茯苓　60g　　　　　　泽泻　60g

[制法]

（1）以上六味除熟地黄、山茱萸外,其余山药等四味共研成粗粉,取其中一部分与熟地黄、山茱萸共研成不规则的块状,放入烘箱内于 60℃ 以下烘干,再与其他粗粉混合研成细粉,过 80 目筛混匀备用。

（2）炼蜜。取适量生蜂蜜置于适宜容器中,加入适量清水,加热至沸后,用 40～60 目筛过滤,除去死蜂、蜡、泡沫及其他杂质。然后,继续加热炼制,至蜜表面起黄色气泡,手拭之有一定黏性,但两手指离开时无长丝出现(此时蜜温约为 116℃)即可。

（3）制丸块。将药粉置于搪瓷盘中,每 100g 药粉加入炼蜜(70～80℃)90g 左右,混合揉搓制成均匀滋润的丸块。

（4）搓条、制丸。根据搓丸板的规格将以上制成的丸块用手掌或搓条板做前后滚动搓捏,搓成适宜长短粗细的丸条,再置于搓丸板的沟槽底板上(需预先涂少量润滑剂),手持上板使两板对合,然后由轻至重前后搓动数次,直至丸条被切断且搓圆成丸。每丸重 9g。

[附注]

(1) 由于本方既含有熟地黄等滋润性成分,又含有茯苓、山药等粉性较强的成分,所以宜用中蜜,下蜜温度约为 70~80℃。

(2) 本实验是采用搓丸法制备大蜜丸,亦可采用泛丸法(即将每 100g 药粉用炼蜜 35~50g 和适量的水,泛丸)制成小蜜丸。

(3) 润滑剂可用麻油 1000g 加蜂蜡 120~180g 熔融制成。

[性状] 本品为棕黑色的水蜜丸、黑褐色的小蜜丸或大蜜丸;味甜而酸。

[功能与主治] 滋阴补肾。用于肾阴亏损,头晕耳鸣,腰膝酸软,骨蒸潮热,盗汗遗精,消渴。

[用法与用量] 口服,水蜜丸一次 6g,小蜜丸一次 9g,大蜜丸一次一丸,一日两次。

D 注意事项

(1) 蜂蜜炼制时应不断搅拌,以免溢锅。炼蜜程度应掌握恰当,若过嫩,含水量高,使粉末黏合不好,成丸易霉坏;若过老,丸块发硬,难以搓丸,成丸难崩解。

(2) 药粉与炼蜜应充分混合均匀,以保证搓条、制丸的顺利进行。

(3) 为避免丸块、丸条黏着搓条、搓丸工具及双手,操作前可在手掌和工具上涂擦少量润滑油。

E 结果与讨论

(1) 中蜜、下蜜各是什么意思? 如何控制炼蜜的火候?

(2) 丸剂还有哪些制备方法?

【参考文献】

[1] 国家药典委员会. 中华人民共和国药典·一部[M]. 北京:化学工业出版社,2005.

[2] 张兆旺. 中药药剂学[M]. 北京:中国中医药出版社,2003.

实验 8 活性氧化铝的制备

A 实验目的

(1) 了解活性氧化铝的性质及用途。

(2) 理解活性氧化铝的制备原理以及掌握其制备方法。

B 实验原理

氧化铝,俗称矾土,化学式为 Al_2O_3,白色粉末,密度 3.9~4.0g/cm³,熔点 2050℃,沸点 2980℃。其不溶于水,能缓慢溶于浓硫酸。其可用于炼制金属铝,也是制坩埚、瓷器、耐火材料和人造宝石的原料。用作吸附剂、催化剂及催化剂载体的氧化铝称为"活性氧化铝",其具有多孔性、高分散度和大的比表面积等特性,广泛用于石油化工、精细化工、生物以及制药等领域。

活性氧化铝一般由氢氧化铝加热脱水制得。氢氧化铝也称水合氧化铝,其化学组成为 $Al_2O_3 \cdot nH_2O$,通常按所含结晶水数目不同,可分为三水氧化铝和一水氧化铝。氢氧化铝加热脱水后,可以得到 γ-Al_2O_3,即通常所讲的活性氧化铝。

本实验采用 $AlCl_3$ 和 NH_4OH 为原料,发生沉淀反应生成以 γ-$AlOOH$ 为主的氧化铝水合物,再经过滤、干燥、焙烧,得活性氧化铝,其化学反应方程式为:

$$AlCl_3 + 3NH_4OH \Longrightarrow AlOOH \downarrow + 3NH_4Cl + H_2O$$
$$2AlOOH \Longrightarrow Al_2O_3 + H_2O$$

C　实验仪器与试剂

(1) 主要仪器

马弗炉、电热恒温干燥箱、水浴锅、电动搅拌器、布氏漏斗、水泵。

(2) 主要试剂

三氯化铝、硫酸铝(AR)、氨水、碳酸氢铵(AR)。

D　实验步骤与方法

(1) γ-$AlOOH$ 的制备

将四口烧瓶固定在水浴锅中,并安装好电动搅拌器。用两个分液漏斗作为加料器,分别固定在铁架台上。在烧瓶的两个边口上,塞上带有玻璃短管的橡皮塞,再用乳胶管将两个分液漏斗的出口分别与烧瓶的这两个边口相连。在烧瓶的另一边口插上温度计。称取 6.5g $AlCl_3$ 于烧杯中,用 150mL 蒸馏水溶解,倒入其中一个分液漏斗中。配制 5.2% 的氨水 150mL,倒入另一个分液漏斗中。称取 0.5g 碳酸氢铵并用 100mL 蒸馏水溶解,倒入烧瓶中,作为稳定 pH 值的缓冲溶液。接通电源加热到 85℃,开动搅拌器,缓慢滴加氨水及 $AlCl_3$ 溶液,两者滴加速度均控制在 3mL/min 左右,约 50min 滴加完毕。在滴加过程中,每隔 5min 用精密试纸测量溶液的 pH 值,使溶液的 pH 值保持在 8.5～9.2。在此过程中,观察到有沉淀生成。加料结束后,继续在 85℃保温搅拌 10min。

(2) γ-Al_2O_3 的制备

从水浴锅中取出烧瓶,将悬浮液用布氏漏斗趁热过滤。将滤饼转移至烧杯中,加入 80℃蒸馏水 200mL,不断用玻璃棒慢速搅拌,在 80℃下老化 1h。老化结束后,用布氏漏斗抽滤,并用 80℃蒸馏水洗涤滤饼几次。将滤饼放入干燥箱内,在 105℃下干燥 5h,干燥出非结合水分。取出干燥后的滤饼,用研钵将其粉碎成能通过 100 目筛的粉末,放入马弗炉中,在 500～550℃焙烧 4h,氧化铝水合物即转化成 γ-Al_2O_3。取出,冷却,称重。

E　结果与讨论

(1) 沉淀物洗涤过滤速度很慢的原因有哪些?如何提高洗涤速度?

（2）沉淀洗涤 Cl⁻ 不彻底对实验将有什么影响？

F　安全与环保

在马弗炉中的焙烧过程属高温操作，应注意安全。

【参考文献】

［1］冷士良. 精细化工实验技术［M］. 北京：化学工业出版社，2005.

［2］唐国旗. 活性氧化铝载体的研究进展［J］. 化工进展，2011，(8)：1756－1765.

［3］董维阳，等. 活性氧化铝的制备与研究［J］. 河南化工，1995，(12)：13－14.

实验 9　　高纯硫酸锌的制备

A　实验目的

（1）理解离子交换法提纯试剂的原理，掌握其操作方法。

（2）掌握离子交换树脂预处理、再生及转型的方法。

B　实验原理

硫酸锌，通常与水结合成 $ZnSO_4 \cdot 7H_2O$，俗称皓矾。其为无色斜方晶体，密度为 $1.957g/cm^3$（$25℃$），易溶于水。加热到 $280℃$ 失去结晶水而成无水物，无水物密度为 $3.54g/cm^3$（$25℃$），在 $740℃$ 分解为氧化锌。

利用重结晶、萃取及离子交换等方法，可将普通硫酸锌分离提纯为高纯硫酸锌，其纯度要求在 99.9999% 以上。高纯硫酸锌是制取高纯硫化锌（ZnS）的主要原料。高纯硫化锌是制备荧光粉的重要原料，其纯度要求极高，要求 1g 硫化锌中，Fe^{3+}、Co^{3+}、Ni^{2+}、Cu^{2+} 等杂离子的质量不超过 $10^{-8} \sim 10^{-7}g$，否则会影响彩色荧光粉的质量。

本实验采用离子交换法制备高纯硫酸锌。

在普通硫酸锌溶液中，添加适量的 α-亚硝基-β-萘酚磺酸盐（简称亚硝基 R 盐）络合剂。该络合剂可以与溶液中的 Fe^{3+}、Co^{3+}、Ni^{2+}、Cu^{2+} 等杂离子络合，形成稳定的络离子存在于溶液中；该络合剂却难与 Zn^{2+} 络合，锌仍以 Zn^{2+} 的形式存在于溶液中。亚硝基 R 盐通常选用 1-亚硝基-2-萘酚-3,6-二磺酸钠，其结构式为：

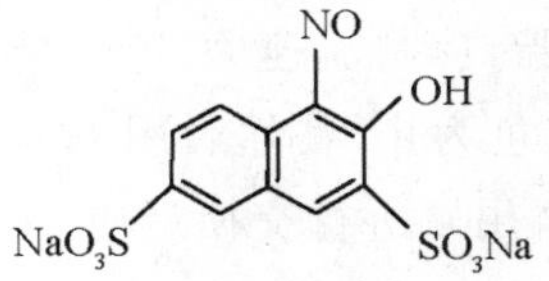

将添加络合剂的硫酸锌溶液通过阴离子交换树脂，利用阴离子交换树脂吸附络离子的特性，就可以把硫酸锌溶液中的杂离子除去。D301 及 D302 树脂都属于大孔弱碱性苯乙烯

系阴离子交换树脂,可用作上述络合阴离子的离子交换树脂。本实验选用 D302 树脂。

C 实验仪器与试剂

(1) 主要仪器

离子交换仪器,可用玻璃管自制。取直径为 2cm、长为 40cm 的玻璃管,两端用带孔的橡皮塞封闭,并连上导管。下管口处垫上棉花,以防止树脂泄露。

分液漏斗、蒸发皿、酒精灯及其他实验室常规仪器。

(2) 主要试剂

NaSCN(AR)、NaOH(AR)、H_2SO_4(AR)、$ZnSO_4$(AR)、$FeCl_3$(AR)、$BaCl_2$(AR)。

D302 树脂,工业品,交换基团为—$N(CH_3)_2$。

1-亚硝基-2-萘酚-3,6-二磺酸钠(AR),化学式为 $C_{10}H_5NNa_2O_8S_2$,相对分子质量为 377.27,金黄色结晶或结晶性粉末。

D 实验步骤与方法

(1) 离子交换树脂的预处理

用去离子水清洗 D302 树脂,直至排出水清晰、无色为止。用浓度为 4% 的 NaOH 溶液(体积约为树脂的 5 倍)浸泡树脂 2h,之后将 NaOH 溶液放出、排尽,再用去离子水洗至 pH6.5~7.5。用浓度为 10% 的 H_2SO_4 溶液(体积约为树脂的 5 倍),浸泡树脂一夜,之后放出酸液、排尽,再用去离子水洗至 pH6.5 左右。将处理过的树脂装入直径为 2cm、长为 40cm 的玻璃管中,树脂使用量约为 125mL。

(2) 高纯 $ZnSO_4$ 制备

称取 $ZnSO_4$ 晶体 20g,加 120mL 去离子水溶解。取 1% 的 1-亚硝基-2-萘酚-3,6-二磺酸钠溶液 3mL 加入 $ZnSO_4$ 溶液中,搅拌均匀。将上述溶液从阴离子交换柱的顶部流入,控制流速为 5mL/min,从交换柱流出的溶液即为高纯 $ZnSO_4$ 溶液。将高纯 $ZnSO_4$ 溶液倒入洁净的蒸发皿中,用酒精灯加热蒸发。控制蒸发的时间,以自由水分蒸发完毕但不失去结晶水为宜。称量,计算收率。

(3) 树脂再生

先用去离水淋洗树脂,直到交换柱内无 $ZnSO_4$ 溶液为止(可用 $BaCl_2$ 溶液检测有无 SO_4^{2-})。将 5% NaSCN 溶液用 NaOH 溶液调至 pH12,用此溶液淋洗树脂,控制流速为 3mL/min,洗至树脂无绿色,1-亚硝基-2-萘酚-3,6-二磺酸钠溶液完全流出为止。再用去离子水洗至中性,pH 值为 6.5 左右(可用 1% 的 Fe^{3+} 检验有无 SCN^-)。

(4) 树脂转型

用 8% 的 Na_2SO_4 溶液淋洗树脂,控制流速为 3mL/min,洗至树脂流出液中无 SCN^- 为止(可用 1% 的 Fe^{3+} 检验,至无血红色为止)。然后用去离子水洗至中性,并用 $BaCl_2$ 溶液检测,至无 SO_4^{2-} 为止。树脂复原,可再用来进行交换反应。

E 结果与讨论

制备高纯试剂与普通试剂有什么差别?关键点是什么?

F　安全与环保

硫氰酸钠有一定的毒性,使用时应注意安全。树脂再生所产生的硫氰酸钠废液应回收统一处理。

【参考文献】

[1] 冷士良. 精细化工实验技术[M]. 北京:化学工业出版社,2005.

实验 10　TCNQ 的合成

A　实验目的

(1) 学会用不同实验方法制备 TCNQ,并能知道它们各自的优缺点。

(2) 通过 TCNQ 制备,学习和了解 Knoevenagel 缩合和溴氧化脱氢的实验方法。

B　实验原理

TCNQ(2,5-环己二烯-1a,4a-双丙二腈,2,5-cyclohexadiene-1a,4a-dimalononitrile,tetracyanoquinododimethane)是铁锈色晶体,熔点 293.5~296℃,在常压下于 250℃升华,真空时 200℃即可升华。测熔点时,当温度升到 200℃左右时,由于 TCNQ 和软质盖玻片中含有的微量碱作用而生成一层美丽的蓝色薄膜。另外,TCNQ 是一种有机半导体,是一种络合盐。TCNQ 在电容方面的应用,是在 20 世纪 90 年代中后期才出现的,它的出现代表着电解电容技术革命的开始。TCNQ 是一种有机半导体,因此使用 TCNQ 的电容也叫做有机半导体电容,例如早期的三洋 OSCON 产品。TCNQ 的出现,使电解电容可以直接挑战传统陶瓷电容在很多领域的霸主地位,使电解电容的工作频率由以前的 20kHz 直接上升到了 1MHz。TCNQ 的出现,使过去按照阳极划分电解电容性能的方法也过时了。因为即使是阳极为铝的铝电解电容,如果使用了 TCNQ 作为阴极材质的话,其性能照样比传统钽电容(钽+二氧化锰)好得多。TCNQ 的导电方式也是电子导电,其导电率为 1S/cm,是电解液的 100 倍,二氧化锰的10 倍。

使用 TCNQ 作为阴极的有机半导体电容,其性能非常稳定,也比较廉价。不过它的热阻性能不好,其熔解温度只有 230~240℃,所以有机半导体电容一般很少用 SMT 贴片工艺制造。因为无法应用波峰焊工艺,所以我们看到的有机半导体电容基本都是插件式安装的。TCNQ 还有一个不足之处,就是对环境的污染。由于 TCNQ 是一种氰化物,在高温时容易挥发出剧毒的氰气,因此在生产和使用中会受限制。

TCNQ 是一个强电子受体,它可以和许多电子给予体形成电荷转移复合物。TCNQ 本身是平面分子,当它和其他平面性共轭分子形成复合物时,可以按照一维方向形成分子柱。当其他分子间距离足够小时,能够形成相当程度的 Π 电子云交叠,因而能呈现较高的电导。研究较多的是 TCNQ 与 N-甲基吩嗪(NMP)及四硫代富瓦烯(TTF)的复合物。

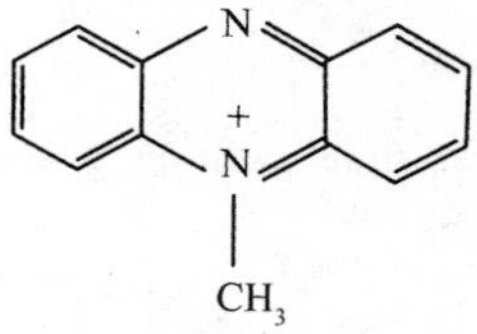

N-甲基吩嗪（NMP） 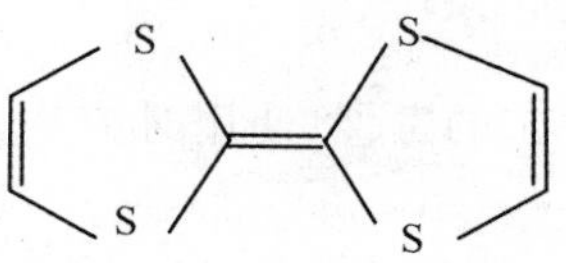　　　　　　　　　　　四硫代富瓦烯（TTF）

在这两种复合物中,给予体分子和接受体分子分别堆砌成各自的平面分子柱。柱内的 TCNQ 分子间距离,前者是 0.324nm,后者是 0.333nm,这与石墨的分子结构极为相似,石墨的分子层间距离是 0.335nm。因此,这两种复合物晶体在分子柱方向上均具有电导。NMP·TCNQ的 $\sigma = 180/(\Omega \cdot cm)$,TTF·TCNQ 的 $\sigma = 1000/(\Omega \cdot cm)$。由于 TCNQ 有这样奇特的性质,因此它引起有机化学界的研究兴趣。

1,4-环己二酮与丙二腈在酸催化下缩合得到 1,4-双-(二氰甲叉)-环己烷,在氧化剂的作用下得到 TCNQ。

实验路线选择:

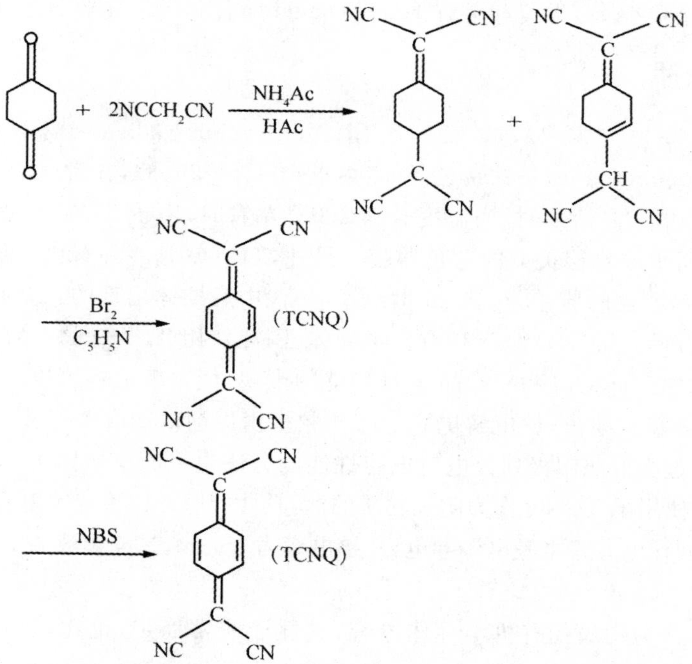

通过查找资料发现,TCNQ 有两种不同的制备方法,它们的不同点在于最后制备产物时的方法,前者是通入液溴单质和吡啶,而后者则是直接通入 NBS 来制备。

C　实验仪器与试剂

（1）主要仪器

数显熔点仪、真空泵、磁力加热搅拌器、分水器、回流装置、恒压滴液漏斗、温度计、氮气袋。

（2）主要试剂

丙二腈、1,4-环己二酮、乙酸铵、乙酸、甲苯、乙腈、吡啶、液溴、丙酮、氮气、氢氧化钠。

D　实验步骤与方法

250mL 的三口烧瓶中,加入 2.10g 丙二腈、1.68g 1,4-环己二酮、0.3g 乙酸胺、1mL 冰醋酸及 45mL 甲苯。缓慢加热,在不断搅拌下于油浴中回流至不再有水分分出(约 2h)。在不断搅拌下维持反应温度约 110℃,继续加热蒸出约 20mL 甲苯,停止加热,在搅拌下冷却后在冰水浴中进一步冷却。将生成的固体滤出,充分水洗后抽干,用丙酮重结晶,水洗,并于烘箱中烘干,测定熔点。

250mL 三口烧瓶中,加入 2.0g 前一步反应产物、30mL 乙腈及 3.4g 溴,通入氮气(尾气用 2%的氢氧化钠溶液吸收),在搅拌下在冰盐浴中冷却至 0～5℃。由滴液漏斗滴入 3.5mL 吡啶和 7mL 乙腈的混合溶液。滴加时应保持反应液的温度在 0～10℃(约 15min),加完后,继续搅拌 30min,撤去冰盐浴,继续搅拌和通入氮气,让其在 1h 左右升温至 20℃,加入约 50mL 冷水,抽滤后,用丙酮或乙腈重结晶,烘干,称重,测定熔点。

E　结果与讨论

制得的 1,4-双-(二氰甲叉)-环己烷的粗产品含有原料环己二酮,用丙酮重结晶后,洗涤干燥不彻底(残留有丙酮),对下一步反应有什么影响?

F　安全与环保

液溴沸点低,毒性大,称量、操作都应在通风橱内进行,并要戴手套,避免腐蚀皮肤;废气用 NaOH 吸收。

【参考文献】

[1] 浙江大学,南京大学,北京大学,兰州大学.综合化学实验[M].北京:高等教育出版社,2001.

实验 11　油溶性青 398 成色剂的合成

A　实验目的

（1）了解油溶性青 398 成色剂的合成原理。
（2）巩固蒸馏、洗涤、热过滤、重结晶等实验操作技术。

B　实验原理

本品为油溶性青 398 成色剂(2-[2,4-双(1,1-二甲基丙基)苯氧基]-N-(3,5-二氯-2-羟基-4-甲苯基)-丁酰胺),英文名为 oil-soluble cyan coupler 398,化学式为 $C_{27}H_{37}Cl_2NO_3$。其

为白色粉状结晶，熔点 148～152℃；易溶于丙酮、氯仿、乙酸乙酯等有机溶剂，微溶于冷石油醚、乙腈，不溶于水。储运条件为避光，干燥。与显影剂生成染料的吸收峰 λ_{max}＝650nm。

它的结构式如下：

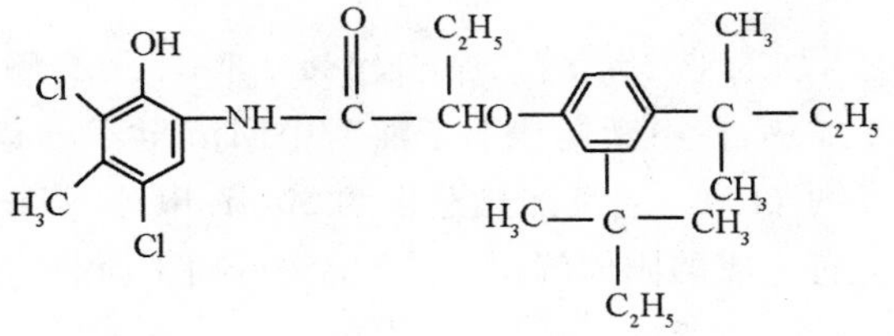
OH
Cl
NH—C—CHO
O
C2H5
H3C
Cl
CH3
C—C2H5
CH3
H3C—C—CH3
C2H5

本品属于感光材料化学品，主要用于制造油溶性彩色胶片、彩色相纸。在多层彩色胶片（正片）的感红层中，经显影加工后生成青色影像。

（1）氯化反应

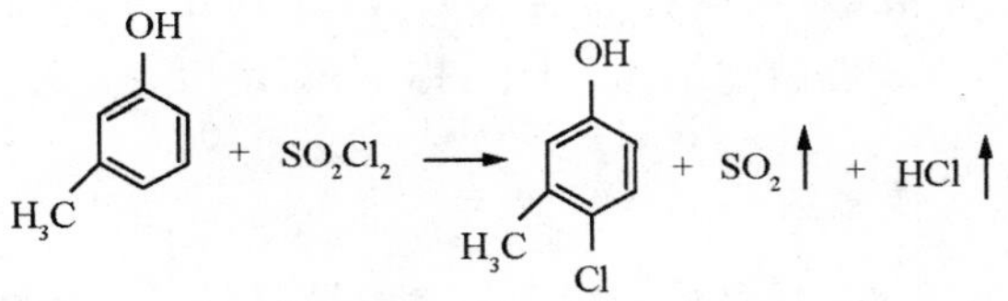
OH
H3C
+ SO2Cl2
OH
H3C
Cl
+ SO2↑ + HCl↑

（2）硝化反应

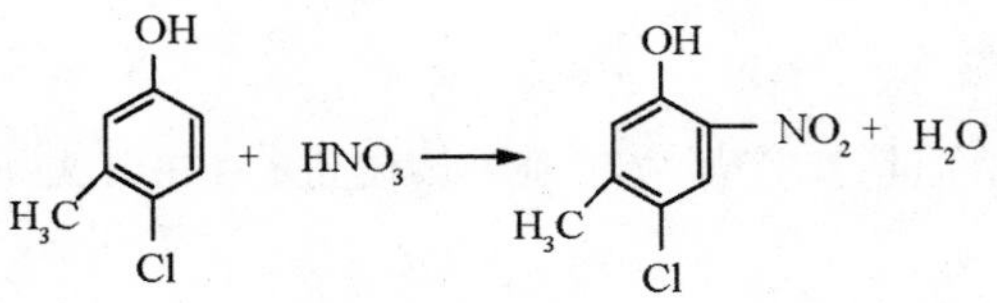
OH
H3C
Cl
+ HNO3
OH
NO2 + H2O
H3C
Cl

（3）还原反应

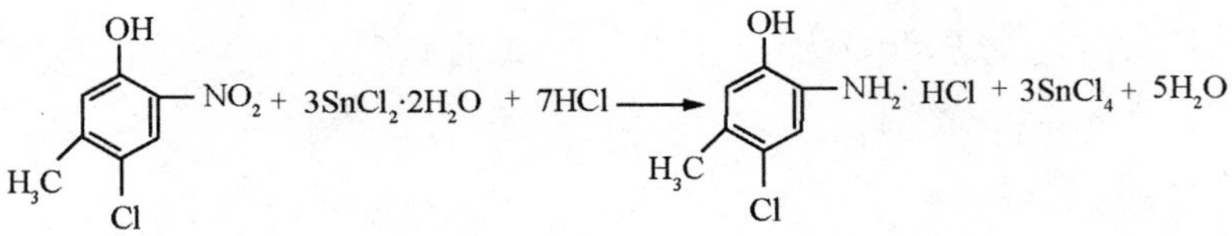
OH
NO2 + 3SnCl2·2H2O + 7HCl
H3C
Cl
OH
NH2· HCl + 3SnCl4 + 5H2O
H3C
Cl

（4）乙酰化、氯化、水解及胺盐的制备

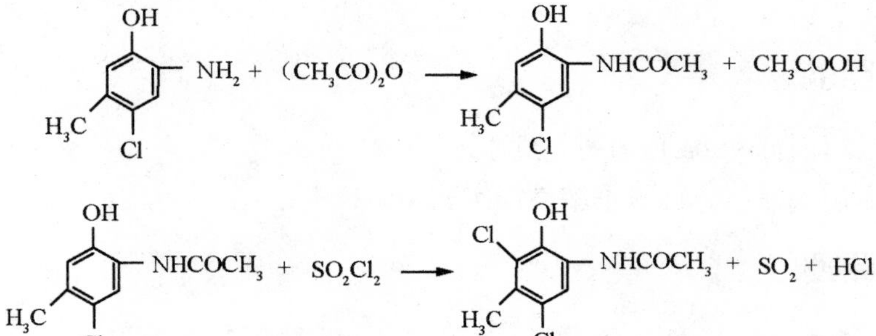
OH
NH2 + (CH3CO)2O
H3C
Cl
OH
NHCOCH3 + CH3COOH
H3C
Cl
OH
NHCOCH3 + SO2Cl2
H3C
Cl
Cl
OH
NHCOCH3 + SO2 + HCl
H3C
Cl

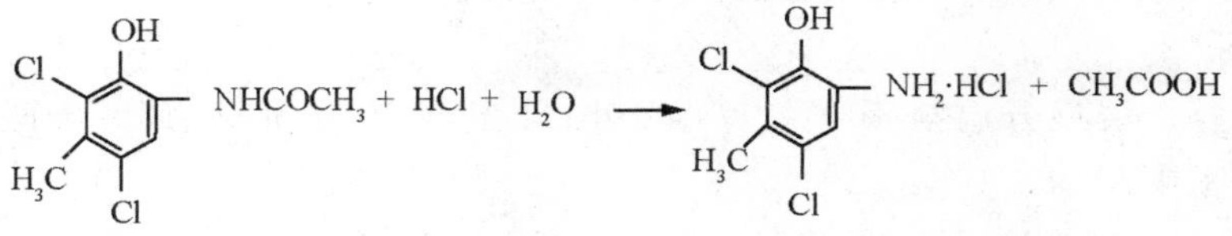

（反应式图）

（5）2,4-二叔戊基苯氧异丁酰氯的合成

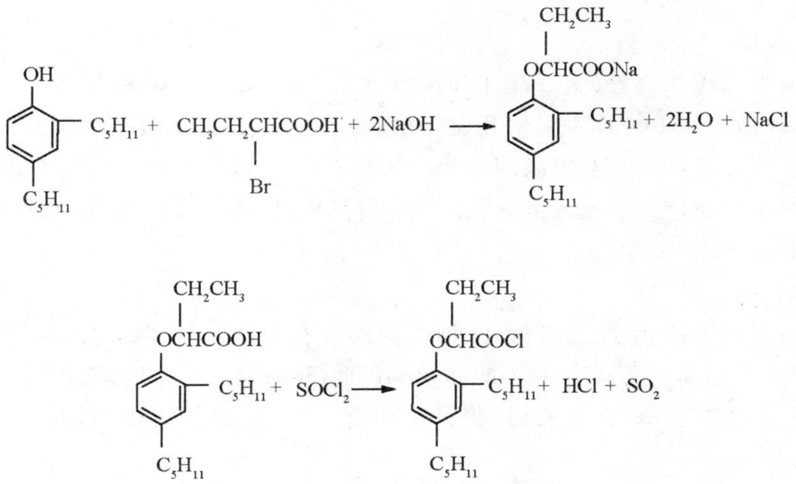

（反应式图）

（反应式图）

（6）成色剂的合成

（反应式图）

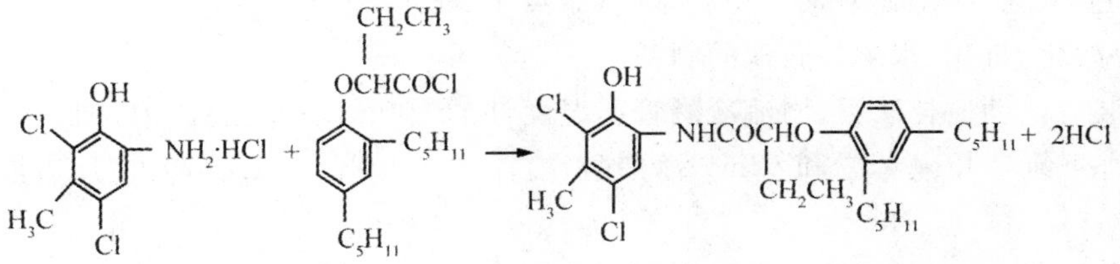

C 实验仪器与试剂

（1）主要仪器

四口烧瓶、三口烧瓶、滴液漏斗、电动搅拌装置、温度计、分液漏斗、气体吸收装置、减压蒸馏装置、回流冷凝管、恒温水浴锅。

（2）主要试剂

间甲酚、硫酰氯、乙酸酐、冰醋酸、发烟硝酸、碳酸氢钠、碳酸钠、乙醇、氯化亚锡、2,4-二叔戊基苯酚、α-溴丁酸、浓盐酸、丙酮、吡啶、石油醚。

D 实验步骤与方法

（1）氯化反应

① 在装有电动搅拌装置、滴液漏斗、气体吸收装置和温度计的 500mL 四口烧瓶中,加入

157.5mL(1.504mol)间甲酚,在不断搅拌下于2h内滴加222.5g(2.23mol)硫酰氯,温度控制在22～26℃。

② 滴加完后,缓慢升温至100℃,保温10h;降温至40℃,加入10%碳酸钠水溶液约50mL,中和至呈中性。

③ 将物料转移到分液漏斗中,静置分层,分出的油层分别用300mL蒸馏水洗涤两次;减压蒸馏,收集沸点为130～138℃(6665Pa)的馏分,得无色透明液体4-氯-5-甲基苯酚(凝固点48～52℃)。

（2）硝化反应

① 在装有电动搅拌装置、滴液漏斗和温度计的500mL三口烧瓶中,加入216mL冰醋酸、54mL水、114g(0.800mol)4-氯-5-甲基苯酚,开动搅拌,用冰盐浴冷却至－5℃。

② 在－5～0℃下,于1.5h内滴加60mL发烟硝酸,然后缓慢升温至30℃,反应4h。

③ 反应结束后,过滤,水洗至呈中性,干燥,得到粗品;乙醇重结晶,得产品2-硝基-4-氯-5-甲基苯酚(熔点131～133℃)。

（3）还原反应

① 在装有电动搅拌装置、滴液漏斗、回流冷凝管和温度计的500mL四口烧瓶中,加入23.5g上述产品2-硝基-4-氯-5-甲基苯酚和50mL水,开动搅拌并加热至90℃。

② 在1h内滴加113g氯化亚锡,将其溶解在110mL浓盐酸中,再在90～95℃下反应2h。

③ 将上述反应液趁热过滤,滤液冷却后加入25mL浓盐酸;冷却至10℃,析出结晶,过滤;将滤饼用水加热溶解,过滤,滤液冷却后用碳酸氢钠调pH6～7;过滤,水洗,干燥,得到白色(或淡黄色)粉末2-氨基-4-氯-5-甲基苯酚(熔点138～142℃)。

（4）乙酰化、氯化、水解及胺盐的制备

① 在装有电动搅拌装置、回流冷凝管和温度计的500mL三口烧瓶中,加入20.5g上述产品2-氨基-4-氯-5-甲基苯酚和82mL冰醋酸,搅拌下加入27.2mL乙酸酐;反应混合物自行升温至55℃,保温反应1h。

② 冷却至20℃,加入11.3mL硫酰氯,反应混合物变为暗红色溶液,继续搅拌反应1h。

③ 加入由102mL浓盐酸和51mL乙醇配成的酸性乙醇,回流反应1.5h,析出白色晶体3,5-二氯-2-羟基-4-甲基苯胺盐酸盐。

④ 冷却至5℃,过滤,用丙酮洗涤,干燥,得到产品。

（5）2,4-二叔戊基氧异丁酰氯的合成

① 在装有滴液漏斗、回流冷凝管和温度计的500mL三口烧瓶中,加入150mL乙醇和50g氢氧化钠,回流0.5h;稍冷片刻,加入58.5g(约0.25mol)2,4-二叔戊基苯酚,回流0.5h。

② 降温至20℃,滴加53.4g α-溴丁酸(约0.32mol)的乙醇溶液,控制反应温度不超过25℃,加完后回流6h。

③ 将反应液倒入水中,用盐酸酸化,过滤并析出沉淀;干燥,用60～90℃的石油醚进行重结晶,得到白色的2,4-二叔戊基苯氧异丁酸(熔点98～100℃)。

④ 在装有回流冷凝管和气体吸收装置的250mL三口烧瓶中加入2,4-二叔戊基苯氧异丁酸16g(约0.05mol),再加入硫酰氯18g(约0.15mol),升温回流12h;除去硫酰氯,得到

2,4-二叔戊基苯氧异丁酰氯。

（6）成色剂的合成

① 在装有电动搅拌装置、滴液漏斗、回流冷凝管和温度计的 250mL 四口烧瓶中，加入 5.5mL 吡啶和 61.3mL 丙酮，开动搅拌，加入 7g 3,5-二氯-2-羟基-4-甲基苯胺盐酸盐，回流 5min。

② 慢慢加入 11.4g 2,4-二叔戊基苯氧异丁酰氯，回流反应 2h。

③ 将反应物加入酸性冰水中，析出青成色剂粗品；过滤，水洗至呈中性；干燥，得产品；产品可用石油醚（沸程为 90～120℃）进行重结晶。

E　结果与讨论

硝化时加入冰醋酸的作用是什么？

F　安全与环保

（1）间甲酚、硫酰氯、发烟硝酸等均有腐蚀性，操作时注意勿与皮肤直接接触。

（2）吡啶有极难闻的气味，不要与皮肤接触，否则气味难以消除。

（3）硝化反应是强烈的放热反应，4-氯-5-甲基苯酚属于易被硝化和被氧化的活泼芳烃衍生物，所以，硝化过程会放出大量热。如果不及时移出，将使反应温度迅速上升，引起多硝化、氧化等副反应的发生，造成硝酸分解，产生大量红棕色二氧化氮气体，甚至发生爆炸事故。因此，为使硝化反应顺利进行，必须严格控制反应在规定的温度范围内进行。

【参考文献】

［1］冷士良. 精细化工实验技术［M］. 北京：化学工业出版社，2005.

实验 12　十二醇硫酸钠的制备

A　实验目的

（1）了解阴离子型表面活性剂的主要性质和用途。

（2）掌握高级醇硫酸酯盐类表面活性剂的合成原理及合成方法。

B　实验原理

十二烷基硫酸钠，又称月桂基硫酸钠，英文名称为 sodium dodecyl benzo sulfate；化学式为 $C_{12}H_{25}SO_4Na$；相对分子质量为 288.38。它是重要的脂肪醇硫酸酯盐类的阴离子表面活性剂。脂肪醇硫酸钠是白色至淡黄色固体，易溶于水，具有优良的发泡、润湿、去污等性能，泡沫丰富、洁白而细密，适于低温洗涤，易漂洗，对皮肤刺激性小。它的去污力优于烷基磺酸钠和烷基苯磺酸钠，在有氯化钠等填充剂存在时洗涤效能不减，反而有些增高。由于十二醇硫酸镁盐和钙盐有相当高的水溶性，因此十二醇硫酸钠可在硬水中使用。十二醇硫酸钠在牙膏中作发泡剂;用于配制洗发香波、润滑油膏等;广泛用于丝、毛一类的精细织物,以及棉、麻织物的洗涤;广泛用于乳液聚合、悬浮聚合、金属选矿等工业中。它还具有较易被生物降解、低毒、对环境污染较小等优点。

脂肪醇硫酸钠的水溶性、发泡力、去污力和润湿力等使用性能与烷基碳链结构有关。当烷基碳原子数从 12 增至 18 时,它的水溶性和在低温下的起泡力随之下降,而去污力和在较高温度(60℃)下的起泡力都随之升高;至于润湿力,则没有规律性变化,其顺序为 C14>C12 >C16>C18>C10>C8。

十二醇硫酸钠的制备,可用发烟硫酸、浓硫酸或氯磺酸与十二醇反应。首先进行硫酸化反应生成酸式硫酸酯,然后用碱溶液将酸式硫酸酯中和。

本实验以十二醇和氯磺酸为原料,反应式如下:

$$CH_3(CH_2)_{11}OH + ClSO_3H \longrightarrow CH_3(CH_2)_{11}OSO_3H + HCl\uparrow$$

$$CH_3(CH_2)_{11}OSO_3H + NaOH \longrightarrow CH_3(CH_2)_{11}OSO_3Na + H_2O$$

十二醇硫酸钠硫酸化反应是一个剧烈的放热反应,为避免由于局部高温而引起的氧化、焦油化以及醚的生成等种种副反应,需在冷却和加强搅拌的条件下,通过控制加料速度来避免整体或局部物料过热。十二醇硫酸钠在弱碱和弱酸性水溶液中都是比较稳定的,但由于中和反应也是一个剧烈放热的反应,为防止局部过热引起水解,中和操作仍应注意加料、搅拌和温度的控制。

C　实验仪器与试剂

(1) 主要仪器

电加热套、电动搅拌器及尾气吸收装置等。

(2) 主要试剂

氯磺酸、十二醇、氢氧化钠水溶液、双氧水等。

D　实验步骤与方法

(1) 十二烷基磺酸的制备

在装有搅拌器、温度计、恒压滴液漏斗和尾气能导出至吸收装置的干燥的四口烧瓶内加入 19g(0.1mol)的月桂醇。所用的仪器必须经过彻底干燥处理,装配时要确保密封良好。反应器的排空口必须连接氯化氢气体吸收装置。操作时应杜绝因吸收造成的负压而导致吸收液倒吸进入反应瓶的现象发生。开动搅拌器,瓶外用冷水浴(0~10℃)冷却,然后通过滴液漏斗慢慢滴入 7.5mL(0.11mol)的氯磺酸。控制滴入的速度,使反应保持在 30~35℃ 的温度下进行,同时用 5% 的氢氧化钠水溶液吸收氯化氢尾气。氯磺酸加完后,继续在30~35℃下搅拌 1h,结束反应。之后继续搅拌,用水喷射泵抽尽四口烧瓶内残留的氯化氢气体,得到十二烷基磺酸,密封备用。

(2) 十二醇硫酸钠的制备

在烧杯内倒入少量 30% 的氢氧化钠水溶液,烧杯外用冷水浴冷却,搅拌下将制得的十二烷基磺酸分批、逐渐倒入烧杯中,再间断加入 30% 的氢氧化钠水溶液,保持中和反应物料在碱性范围内。产物在弱酸性和弱碱性介质中都是比较稳定的,若为酸性,则产物会分解为醇。30％的氢氧化钠水溶液共用去约 15～18mL。氢氧化钠水溶液的用量不宜过多,以防止反应体系的碱性过强。中和反应的温度控制在 50℃以下,避免酸式硫酸酯在高温下分解。加料完毕,物料的 pH 值应在 8～9。然后加入 30％双氧水约 0.5g,搅拌,漂白,得到稠厚的十二醇硫酸钠浆液。实验到此时也可暂告一段落。把浆状产物铺开自然风干,留待下次实验时再称重。

(3) 烘干

将上述的浆液移入蒸发皿,在蒸汽浴上或烘箱内烘干,压碎后即可得到白色颗粒状或粉状的十二醇硫酸钠。称重,计算收率。

由于中和前未将反应混合物中的 $ClSO_3H$、H_2SO_4 以及少量的 HCl 分离出去,因此最后产物中混有 Na_2SO_4 和 NaCl 等杂质,会造成收率超过理论值。这些无机物的存在对产品的使用性能一般无不良影响,相反的,还起到一定的助洗作用。微量未转化的十二醇也有柔滑作用。

(4) 产品检验

纯品十二醇硫酸钠为白色固体,能溶于水,对碱和弱酸较稳定,在 120℃以上会分解。本实验制得的产品和工业品大致相同,不是纯品。工业品的质量指标一般如表 4-2 所示。

表 4-2 十二醇硫酸钠质量指标

检测项目	质量指标
活性物含量	≥80％
高碳醇含量	≤3％
水分含量	≤3％
无机盐含量	≤8％
pH 值(3％溶液)	8～9

判断反应完全程度的简单的定性方法是：取样,溶于水中,溶解度大且溶液透明,则表明反应完全程度高(脂肪醇硫酸钠溶于水中呈半透明状,若相对分子质量越低,则溶液越透明)。

E 结果与讨论

制备硫酸酯的方法有哪些?

F 安全与环保

氯磺酸的腐蚀性很强,在称量和加料过程中应戴橡胶手套,防止皮肤被灼伤,并在通风橱内称量。氯磺酸在加料前应蒸馏一次,收集沸程在 151～152℃的馏分,供使用。氯磺酸也可用 98％的浓硫酸或含游离 SO_3 的发烟硫酸代替,操作方法相似,但收率偏低,质量也较差。

【参考文献】

[1] 曾凡瑞,覃显灿. 洗涤剂的生产技术[M]. 北京：化学工业出版社,2011.

[2] 潘宇农,等. 十二醇硫酸钠的合成[J]. 天然气化工(C1 化学与化工),1999,(3)：46 - 47.

实验 13　塑料化学镀铜

A　实验目的

（1）了解塑料电镀铜的基本原理。
（2）掌握塑料电镀铜的工艺过程。
（3）掌握配方条件对镀层质量的影响。

B　实验原理

我们知道，绝大部分塑料都是绝缘体，不能在塑料上进行电镀；若要电镀，必须对塑料制件的表面进行金属化处理，即在不通电的情况下给塑料制件表面涂上一层导电的金属薄膜，使其具有一定的导电能力，再进行电镀。

塑料制件金属化的方法很多，如真空镀膜、金属喷镀、阴极溅射、化学沉淀等。这些方法中比较行之有效的是化学沉淀法，因而它在化学工业生产中得到广泛应用。

利用化学沉积法进行塑料化学镀的现行工艺通常由下列各步组成：

塑料制件的准备→除油→粗化→敏化→活化→化学镀

以下是各步骤的详细说明。

（1）除油

塑料制件表面除油的目的在于使表面能很快地被水浸润，为化学粗化做好准备。除油的方法有有机溶剂除油、碱性化学除油和酸性化学除油等，我们常采用碱性化学除油法。

（2）粗化

塑料做粗化处理的目的在于在塑料表面造成凹坑、微孔等均匀的微观粗糙状况，以保证金属镀层与塑料表面具有较好的结合力。粗化的方法有两种：机械粗化和化学粗化。机械粗化由于有一定的局限性而很少使用，通常都采用化学粗化。例如，对 ABS 塑料，化学粗化处理一般用硫酸和铬酸的混合溶液来侵蚀，使塑料表面的丁二烯珠状体溶解，留下凹坑，形成微观粗糙，同时还增加了表面积，通过红外光谱检测，还发现化学粗化过的表面存在着活性基团，如—COOH、—CHO、—OH 等，这些基团的存在也会增加镀层与基体的结合力。

（3）敏化

敏化就是在经粗化后的塑料表面上吸附一层容易被还原的物质，以便在下一道活化处理时通过还原反应，使塑料表面附着一层金属薄层。最常用的敏化剂是氯化亚锡。现在认为，敏化过程的机理是当塑料制品经敏化处理后，表面吸附了一层敏化液，再放入水洗槽中时，由于清洗水的 pH 值高于敏化液而使二价锡发生水解作用。

$$SnCl_2 + H_2O \longrightarrow Sn(OH)Cl + HCl$$
$$SnCl_2 + 2H_2O \longrightarrow Sn(OH)_2 + 2HCl$$
$$Sn(OH)Cl + Sn(OH)_2 \longrightarrow Sn(OH)_3Cl$$

Sn(OH)₃Cl 是一种微溶于水的凝胶状物质,会沉积在塑料表面,形成一层几十埃到几千埃的凝胶物质。

（4）活化

活化处理就是在塑料工件上产生一层具有催化活性的贵金属,如金、银、钯等,以便加速后面要进行的化学沉积速度。活化的好坏决定化学镀的成败。活化的原理是让敏化处理时塑料表面吸附的还原剂从活化液中还原出一层贵金属来。最常用的活化液是硝酸银型的。当敏化过的工件浸入硝酸银溶液中时,发生反应如下:

$$Sn^{2+} + 2Ag^+ \longrightarrow Sn^{4+} + 2Ag \downarrow$$

（5）化学镀

化学镀是利用化学还原的方法在工件表面催化膜上沉积一层金属,使原来不导电的塑料表面沉积薄薄的一层导电的铜或镍层,便于随后电镀各种金属。化学镀是塑料电镀前处理的一道关键工序,切不可疏忽大意。常用的化学镀的原理是,在硫酸铜溶解中加入碱,生成氢氧化铜。

$$CuSO_4 + 2NaOH \longrightarrow Cu(OH)_2 \downarrow + Na_2SO_4$$

当溶液中同时存在酒石酸钾钠时,则会生成酒石酸铜络合物。

$$Cu(OH)_2 + NaKC_4H_4O_6 \longrightarrow NaKCuC_4H_2O_6 + 2H_2O$$

在溶液中加入甲醛后,铜的络合物被还原分解生成氧化亚铜。

$$2NaKCuC_4H_2O_6 + HCHO + NaOH + H_2O \longrightarrow CuO_2 + 2NaKC_4H_4O_6 + HCOONa$$

然后,工件上的催化银膜进一步使氧化亚铜或络离子中的 2 价铜离子直接还原为铜,逐步形成覆盖工件表面的铜层。

$$NaKCuC_4H_2O_6 + HCHO + NaOH \xrightarrow{Ag} Cu + HCO_2Na + NaKC_4H_4O_6$$

当塑料表面形成一层有一定厚度的紧密的化学镀金属层后,就可以像金属电镀一样,在它们上面进行常规的电镀处理了。

由上述讨论可见,塑料化学镀的工艺过程是比较复杂的,而且每一步处理的好坏都影响镀层的质量,在实验中每一步都必须严格按规定的工艺条件操作。最后还要说明的是,不是所有的塑料都能进行化学镀,目前可镀的有 ABS、聚丙烯、聚酰胺、聚甲醛、聚苯乙烯、聚乙烯等。最常用的是 ABS。

C　实验仪器与试剂

（1）主要仪器

烧杯、玻璃棒、镊子、电热套等。

（2）主要试剂与材料

有机除油液（实验室没有充足的药品可配制化学除油液）。

化学粗化液（暗红色溶液）：重铬酸钾 12g;硫酸 28mL;Al³⁺ 10mg。

敏化液（白色固体悬浮液）：氯化亚锡 1.0g;盐酸 5mL;锡粒几颗。

活化液（灰色固体悬浮液）：硝酸银 1.5g;氨水 0.7mL（1 滴）。

化学镀铜液（蓝色溶液）：酒石酸钾钠 4.3g;氢氧化钠 1.0g;硫酸铜 1.0g;甲醛 10mL（化学镀前临时加入）。

ABS 塑料制品(纽扣)若干。

D 实验步骤与方法

(1) 配制上述各溶液 100mL。

(2) 取 ABS 塑料制品(纽扣),放在除油液中浸泡 35min。

(3) 取出镀件洗净后,放入 70℃的粗化液中粗化 70min。

(4) 用水洗净镀件,不挂水珠(说明粗化效果良好),放入常温的敏化液中敏化 5min。

(5) 取出镀件后,用热水洗 10min 以上,洗净后放入活化液中,在室温活化 10min。

(6) 活化后的镀件,立即放入镀液中化学镀,2min 左右取出冲洗干净,自然干燥保存。

E 结果与讨论

(1) 化学镀与电镀的主要区别是什么?

(2) 化学镀中粗化和敏化的作用是什么?

(3) 化学镀中甲醛的作用是什么?

F 安全与环保

(1) 每一步完成后必须用去离子水漂洗干净,以免将污物带入下一步的溶液中而影响质量。

(2) 粗化开始以后的各步中,必须不断翻动工件并搅拌溶液才能得到好的结果。

(3) 除油和粗化步骤决定了镀层的结合性,如果处理效果不理想,铜层就很难吸附于镀件表面。敏化和活化步骤决定了银层能否均匀分布于镀件表面,如果敏化和活化不彻底,镀件表面就很难得到均匀的铜层。

【参考文献】

[1] 强亮生,王慎敏.精细化工综合实验[M].哈尔滨:哈尔滨工业大学出版社,2004.

[2] 曾华梁.电镀工艺手册[M].北京:机械工业出版社,1989.

实验 14 α-紫罗兰酮的合成

A 实验目的

(1) 了解和利用柠檬醛直接合成假紫罗兰酮的缩合反应的步骤及影响产率的因素,确立化学反应条件。

(2) 掌握由假性紫罗兰酮合成紫罗兰酮的方法与步骤,并初步探讨在实验的基础上用什么方法可将紫罗兰酮和紫罗兰酮分离开。

(3) 初步了解紫罗兰酮在有机合成及工业上的应用。

B　实验原理

紫罗兰酮是一种萜,分子式为 $C_{13}H_{20}O$,为浅黄色黏稠液体。它是 α-和 β-紫罗兰酮的混合物。α 体具有甜花香,沸点 146～147℃(28mmHg),相对密度 0.9298(21℃);β 体类似松木香,稀时类似紫罗兰香,沸点 140℃(18mmHg),相对密度 0.9462。

α 和 β 体可利用其衍生物的溶解性质不同而分离。β-紫罗兰酮的缩氨基脲溶解度极小,可用于分离提纯 β 体。母液中的粗 α-紫罗兰酮缩氨基脲可用稀硫酸使它转回成酮,再变成肟进行纯化。α-紫罗兰酮肟冷却到低温时析出结晶,而 β-紫罗兰酮肟则为油状物,借此得以分离。

含 α-H 原子的醛(酮)的 α-H 原子具有活性,会在碱性环境中脱去,而与双键氧相连的碳原子因为电子对偏离呈正电性,会与带负电的碳结合,形成缩合产物,即含有一个羟基和一个羰基的化合物。其中正碳那边连接的是羟基,此时的产物即为假性的紫罗兰酮,然后同样在碱性的条件下,加热,会促使假性紫罗兰酮脱去一分子的水生成烯,即为紫罗兰酮。

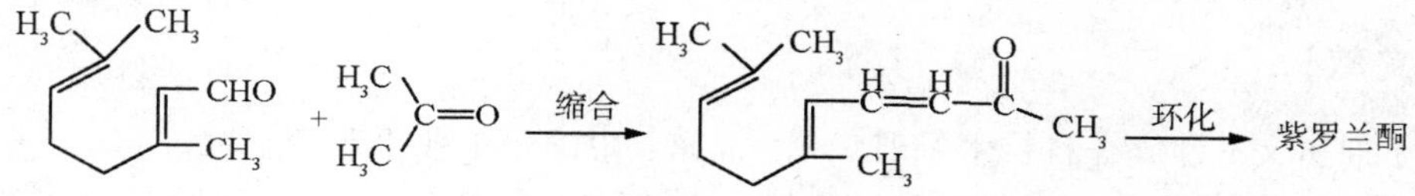

根据环化条件的不同,可以得到 α-紫罗兰酮、β-紫罗兰酮或 γ-紫罗兰酮。

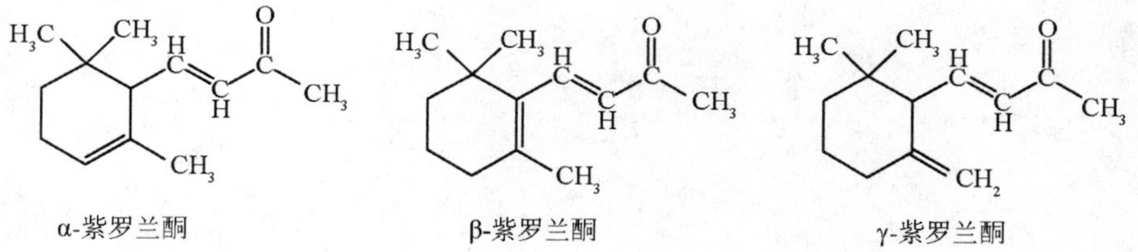

α-紫罗兰酮　　　　　　　　β-紫罗兰酮　　　　　　　　γ-紫罗兰酮

C　实验仪器与试剂

(1) 主要仪器

三口烧瓶(100mL)、磁力搅拌器、锥形瓶(50mL)、温度计(量程为 100℃)。

(2) 主要试剂

柠檬醛、丙酮、NaOH、硫酸、甲苯。

D　实验步骤与方法

(1) 假性紫罗兰酮的制备

在装有磁力搅拌器、温度计的 100mL 三口烧瓶中,加入 10mL(0.1mol)柠檬醛和 30mL(0.275mol)丙酮,在冰水浴的冷却下慢慢滴加 5mL 10% NaOH 溶液,在此过程中保持温度不超过 25℃,在 30min 内加完。将反应器置于温水浴中,保持反应液的温度在 25℃以下反应 2h,大约用 0.5h 升温到 45～50℃,保温 0.5h 左右,反应结束。水洗,分液保留上层的有机层,在 128～132℃/2kPa 减压蒸馏收集假性紫罗兰酮。

（2）紫罗兰酮的制备

在三口烧瓶中加入以 1∶3 比例混合的假性紫罗兰酮和甲苯,烧瓶置于冰水浴中。在剧烈搅拌下滴入 5mL 65% 硫酸,约 15min 加完。保持温度为 10~15℃,反应 1h,升温到 30℃,反应 1h。

移去冰水浴,将反应物倒入 50mL 冰水中,待冰融化后分液,有机层减压蒸馏蒸去甲苯,减压蒸馏在 116~127℃/1.33kPa 收集 α-紫罗兰酮。色谱分析含量。

E　结果与讨论

（1）α-紫罗兰酮和 β-紫罗兰酮哪个稳定? 如何提高 α-紫罗兰酮的收率?

（2）在减压蒸馏假性紫罗兰酮前,为何要将粗产品中和并酸化?

F　安全与环保

香料物质气味较大,注意通风。

【参考文献】

[1] 刘树文. 合成香料技术手册[M]. 北京:中国轻工业出版社,2000.

[2] 和承尧,等. 香料紫罗兰酮合成工艺研究[J]. 云南化工,2006,(2):1-8.

第 5 章

综合实验

实验 1 绿色多步合成亲电芳香取代物

A 实验目的

（1）了解苯环溴代反应。

（2）掌握苯环上官能团的保护是如何进行的。

B 实验原理

芳香烃的亲电取代反应（EAS）是有机化学中最基础的概念，它作为实验课程的主要内容出现在有机化学的实验课程中，而这些实验课程同时也可帮助学生直观地了解亲电取代反应中芳环中取代基的定位效应。溴代反应是一个非常有用的亲电芳香取代反应，因为溴代芳烃可以用来形成碳—碳键，并构建新的化学结构（例如格氏反应）。传统上，溴的醋酸溶液已被用于溴代芳香体系。这个反应处理起来较为危险，所以需要研究一种新的绿色合成路线。

这种新方法为次氯酸钠（NaClO）在酸性条件下与溴化钠反应生成分子溴。这比处理液溴体系更安全，因为溴分子一生成便立即因为亲电芳香取代反应而消耗。

在这个实验中，N-乙酰溴苯胺是所需的产品，我们以苯胺为起始原料。从苯胺合成N-乙酰溴苯胺，在图 5-1 中提出了两种路线。当反应中含有一步以上的步骤时，整体的反应统称为"多步合成"。

注意在图 5-1 中，溴原子没有直接连接在苯环碳原子上，而是用特殊符号表示，这是用来表明，溴连接在芳香环上的位置未知。大多数时候，只有少数一两种多步合成的方案在实际上可行。本实验中提出的两种途径，只有路线 1（乙酰化后溴代）可行，理由如下：

众所周知，如果苯胺与溴反应（路线 2），会形成多种产物（主要是二溴代和三溴代产物）。同时，在新的"绿色"的溴代反应条件下，混合胺和漂白剂（强氧化剂）将产生危险的（可能具有猛烈的爆炸性的）混合物。为了防止在芳环上的多取代和有害化合物的形成，苯胺上的氨基在溴代反应前被保护起来。官能团的保护是在有机合成中常见的一种合成策略，以防止不必要的产品和不可控的副反应。

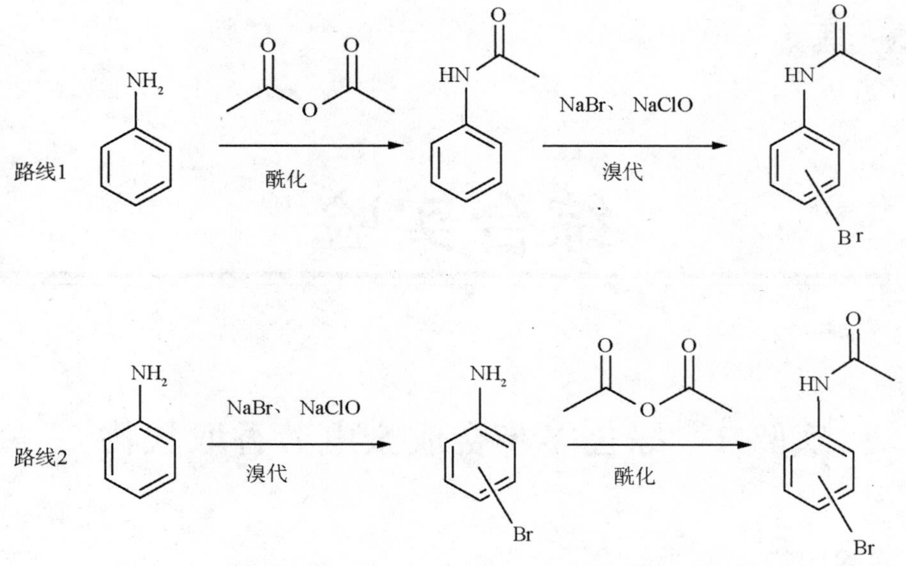

图 5-1　N-乙酰溴苯胺的合成路线

用于溴代反应的关键试剂之一是家用漂白剂中的次氯酸钠（NaClO）。大部分的漂白剂瓶上标明 NaClO 浓度为 5％～6％。但是，在漂白剂中，NaClO 的浓度随着时间的推移不断降低，因此实验中的一个任务便是确定其准确的浓度。

测定 NaClO 的浓度有以下的方法：

将所有的 NaClO 置于碘（I^-）的酸性溶液中，I^- 被氧化产生棕色的碘（I_2）。硫代硫酸钠（$Na_2S_2O_3$）作为标准滴定剂被加入 I_2 溶液中，I_2 不断被还原为 I^-。

$$NaClO + 2NaI + 2CH_3CO_2H \longrightarrow I_2 + NaCl + H_2O + 2CH_3CO_2Na$$

$$2S_2O_3^{2-} + I_2（棕色）\longrightarrow S_4O_6^{2-} + 2I^-（无色）$$

C　实验仪器与试剂

（1）主要仪器

容量瓶（100mL）、滴定管、移液管、烧杯、锥形瓶（125mL）、显微熔点仪。

（2）主要试剂

乙酸[64-19-7]、乙酸酐[108-24-7]、苯胺[62-53-3]、漂白剂（次氯酸钠）[7681-52-9]、乙醇（95％）[64-17-5]、溴化钠[7647-15-6]、碘化钠[7681-82-5]、五水合硫代硫酸钠[10102-17-7]。

D　实验步骤与方法

实验部分 1　乙酰苯胺的合成（单独完成）（1h）

在通风橱中，在 125mL 的锥形瓶中将 1mL 苯胺溶于 2mL 乙酸酐中，在冰水浴中冷却溶液至 5℃以下。搅拌下反应 5min 以上。将 30mL 0.5mol/L 氢氧化钠溶液加入反应液中终止反应（0.6g 固体氢氧化钠溶解在约 30mL 水中制备，浓度不要求完全精确）。然后加热混合物来溶解固体（必要时加水），再让溶液慢慢冷却结晶，过滤，充分干燥后记录产品的质量。

实验部分 2　漂白剂中次氯酸钠浓度的标定(小组完成)(2h)

制备标准的滴定剂($Na_2S_2O_3$)和酸性碘化钾溶液：用 100mL 的容量瓶,准备 0.100mol/L (溶液的浓度必须有三位有效数字)的五水合硫代硫酸钠溶液($Na_2S_2O_3 \cdot 5H_2O$)作为标准试剂。在 100mL 容量瓶中混合 8mmol 碘化钠和 4mL 乙酸,并用蒸馏水稀释至标记处,得到所需的溶液。每次滴定实验中,需要移取混合酸性碘化钠溶液(约 25mL)和漂白剂(移液管吸取 1mL),该混合溶液将立即从碘化物变为棕色的碘。碘溶液的颜色会随着滴定剂的加入而慢慢消失。当碘的颜色完全消失时为滴定的终点,重复三次,并计算漂白剂中次氯酸钠的平均浓度。

实验部分 3　合成 N-乙酰溴苯胺(单独完成)(2h)

用 6mL 95％乙醇和 5mL 乙酸溶解 7.4mmol 乙酰苯胺和 1.8g 溴化钠。冰水浴中将溶液冷却至 5℃。在通风橱内,加入足够量漂白剂,使得次氯酸钠的量为 7.8mmol。在通风橱内反应 1min,然后升温至室温(超过 15min),用软木塞或倒置的烧杯来抑制反应中产生的气体。15min 后反应结束,在冰水浴中冷却反应,再加入 1g 硫代硫酸钠和约 1g 氢氧化钠来淬灭未反应的液溴,确保其充分溶解后回收沉淀的产品。粗产品可以用 50％乙醇水溶液(自己配制)或 95％乙醇重结晶。

实验部分 4　产品分析(1.5h)

(1) 确定和报告小组中每个成员的产品产量。

(2) 测量 N-乙酰溴苯胺的熔点。

(3) 在你的小组中选出一个样品做红外光谱。

E　安全与环保

(1) 乙酸和乙酸酐具腐蚀性,可引起灼伤。

(2) 苯胺、乙酸和乙酸酐,吸入有害健康。

(3) 丙酮、乙酸和乙酸酐易燃。

(4) 次氯酸钠是氧化剂,可释放出有毒气体,故应在通风橱内使用。

(5) 适当地保护眼睛,穿戴手套和实验室外套可避免烫伤及化学药品与皮肤、眼睛的接触。

(6) 将废弃的乙酰苯胺和 N-乙酰溴苯胺放于带有标签的瓶中。

【参考文献】

[1] Beishline R R. Directive effects in electrophilic aromatic substitution. An organic chemistry experiment[J]. *J. Chem. Educ.*, 1972, 49, 128 - 129.

[2] Merker P C, Vona J A. The use of pyridinium bromide perbromide for brominations[J]. *J. Chem. Educ.*, 1949, 26, 613 - 614.

[3] McKenzie L C, Huffman L M, Hutchison J E. The evolution of a green chemistry laboratory experiment: Greener brominations of stilbene[J]. *J. Chem. Educ.*, 2005, 82, 306 - 310.

[4] Furniss B S, Hannaford A J, Smith P W G, et al. *Vogel's textbook of practical organic chemistry*[M]. New York: Longman Scientific & Technical, 1989.

[5] Edgar K J, Failling S N. An efficient and selective method for the preparation of iodophenols[J]. *J. Org. Chem.*, 1990, 55, 5287 - 5291.

[6] Eby E, Deal S T. A green, guided-inquiry based electrophilic aromatic substitution for the organic chemistry laboratory[J]. *J. Chem. Educ.*, 2008, 85, 1426 - 1428.

[7] Kumar K, Margerum D W. Kinetics and mechanism of general-acid-assisted oxidation of bromide by hypochlorite and hypochlorous acid[J]. *Inorg. Chem.*, 1987, 26, 2706 - 2711.

[8] Cardinal P, Greer B, Luong H, et al. A multistep synthesis incorporating a green bromination of an aromatic ring[J]. *J. Chem. Educ.*, 2012, 89, 1061 - 1063.

[9] 金永辉. 硝基苯胺绿色溴代制备工艺研究[J]. 浙江化工, 2012, 43(5), 3 - 6.

实验 2　环己烯制备反式 1,2-环己二醇

A　实验目的

(1) 查阅文献设计合适的实验方案。

(2) 从烯烃合成反式 1,2-环己二醇。

(3) 了解升华法纯化产品的方法。

(4) 了解通过环氧化物的形成理解反应机理。

(5) 掌握通过设计正交实验优化反应条件的方法。

(6) 学会利用核磁共振作为定量分析技术。

B　实验原理

1,2-环己二醇在医药、农药、信息素或液晶的合成中扮演了重要的角色,同时也是一种重要的手性助剂和配体。在合成 1,2-环己二醇的方法中,烯烃双羟基化是合成此化合物的一个简单方法。烯烃的几种反式双羟基化的途径已被广泛报道,但只有少数方法使用非有机溶剂作为反应介质。Adkins 和 Roebuck 在 1948 年时首先使用甲酸为环己烯的反式双羟基化反应的溶剂,过氧化氢水溶液为氧化剂。反应中甲酸首先和过氧化氢反应生成过氧甲酸,而后再经氧化环己烯得到 1,2-环氧环己烷,环氧环己烷水解就得到所要的目标产物。一些其他的过酸也被发现具有相同的效果,例如过氧乙酸、过氧对甲苯磺酸等。由于过酸类反应剧烈放热,在微反应器中进行此类反应可以消除烯烃需要缓慢滴加的缺陷,但是需要额外的步骤来中和甲酸,水解甲酸盐和分离产品。Sato 报道了烯烃的双羟基化反应是以过氧化氢水溶液做氧化剂,Nafion 为催化剂。然而 Nafion 是一种比较昂贵的磺酸树脂,反应需要在超过室温(70℃)的条件下才能进行,而后一些强酸性的树脂也得到

了研究者们的注意。另一种方法是使用 OXONE（过硫酸氢钾复合盐）做氧化剂，这是一种商用三盐（2KHSO₅·KHSO₄·K₂SO₄），由过氧化氢和硫酸反应，然后用硫酸钾中和得到。烯烃的双羟基化反应可以在室温下水中完成，但对于有些底物需要增加温度，这样会导致硫酸氢钾更快地分解。

反式，消旋体

　　本实验的目标是以过氧化氢为氧化剂，通过设计合适的实验方案来制备反式 1,2-环己二醇。本实验是综合性的开放性实验，因此要求学生在实验前通过查阅文献自行设计实验方案。酸催化剂可以为甲酸、乙酸、乙酸/乙酸酐、强酸性树脂、无机固体超强酸等体系中的一种或者两种，并通过正交实验优化反应的条件。本实验将以对甲苯磺酸（p-TsOH）作为反应剂为例进行实验步骤的讲解。

　　使用对甲苯磺酸为催化体系的优点是可以不使用任何有机溶剂或任何金属催化剂合成1,2-环己二醇。这是一个两相的反应，最初的物质是不溶于水的反应介质，而最终产品是可溶的。因此，在实验过程中可以观察到反应物消失。反式 1,2-环己二醇与水会形成共沸混合物，因此，很难将它们分离。共沸混合物的分离可以通过添加溶剂或一个新的组分，能与其中一种物质反应而改变它们的挥发性。对甲苯磺酸钠可以破坏共沸混合物。水可以通过简单的蒸馏除去，而环己二醇没有损失。而后通过升华收集反式环己二醇。本实验的正交实验设计的参考变量可以为以下几个：① 对甲苯磺酸和双氧水的比例（不同的方案，酸的类型可以不一样）；② 过氧乙酸合成的反应时间和温度；③ 过酸和环己烯的比例；④ 过酸氧化环己烯的反应温度；⑤ 水解反应中碱的用量和类型。学生可以根据参考文献优选其中的几个变量进行优化。

C　实验仪器与试剂

（1）主要仪器
圆底烧瓶（50mL）、磁力搅拌棒、减压蒸馏装置、水冷凝器、升华装置、研钵、淀粉碘化钾试纸、显微熔点仪。
（2）主要试剂
环己烯[110-83-8]、过氧化氢[7722-84-1]、对甲苯磺酸[6192-52-5]、氯乙酸[79-11-8]、碳酸氢钠[144-55-8]、亚硫酸钠[7757-83-7]、氯乙酸[79-11-8]、重水[7789-20-0]。
根据学生具体设计情况而定。

D　实验步骤与方法

实验部分 1(6h)
（1）在一个 50mL 圆底烧瓶中，加入 1.9g（10mmol）一水合对甲苯磺酸（1 eq.）和 2.7mL 30%的过氧化氢水溶液（2 eq.），在室温下磁力搅拌，直到所有对甲苯磺酸溶解（5min）。
（2）完全溶解后加入 1.0mL（10mmol,1 eq.）环己烯，可以观察到两相。

（3）在通风橱内用带加热的磁力搅拌器加热油浴至 70℃，并将圆底烧瓶接上回流冷凝管，放入已预热的油浴中。在 75℃下快速磁力搅拌 4h。

（4）反应完成后，移除圆底烧瓶，冷却至室温。

实验部分 2（4h）

（1）在搅拌的条件下（最低转速），慢慢添加 1.2g 碳酸氢钠来中和溶液。

（2）在室温下水浴中慢慢添加 1.0g 亚硫酸钠以除去过量的过氧化氢。可能会形成固体。过氧化氢是否除尽可通过淀粉碘化物试纸测试。

（3）将反应混合物通过减压蒸馏（34mmHg，30℃）除去水。

实验部分 3（8h）

（1）在研钵中，研磨固体至粉末状，转移到减压升华装置（带一个磁子）。

（2）在室温下，于油浴中搭置升华装置，并附上一个旋转真空泵。慢慢减少汞柱的压强至 0.5mmHg，然后开始搅拌加热到 75℃，升华 4h。

（3）从升华装置中移出目标产物，称重并计算产率。测定熔点，并记录 ^{1}H NMR 和 ^{13}C NMR 光谱情况，确定化合物纯度。与文献数据比较。

注释

（1）这是一个两相的反应，环己烯不溶于水，最终产物可溶于水，所以反应中反应物随反应进行慢慢消失。有效地搅拌是非常重要的。最终观察到的是一个均相体系。

（2）反应在 4h 后停止。可以通过 ^{1}H NMR 计算出反应的转换率：称重圆底烧瓶和计算反应混合物的最终重量（m_1）。称取 200mg（m_2）反应混合物，并添加 10mg（m_3）内标氯乙酸和 200μL 重水。测试 ^{1}H NMR 谱和计算反应的转换率。

（3）由于有气体放出，碳酸氢钠需缓慢加入。中和溶液是还原反应进行之前的重要步骤。

（4）过氧化氢的还原是一个放热反应，因此加入还原剂需要非常缓慢，并需要水浴冷却。

（5）水和反式 1,2-环己二醇之间形成的共沸混合物因为对甲苯磺酸钠的存在而被破坏，精馏步骤可以由简单的旋转蒸发器代替。水可以从反应混合物中被完全除去直到形成固体。

（6）形成的固体是一种坚硬固体，所以有必要通过研磨来磨成碎粉，促进二醇升华。磁力搅拌棒也有助于二醇从对甲苯磺酸钠中通过升华分离。

（7）真空度应该缓慢提高，因为粉末会冲出升华设备并污染所需的产品。升华不仅是纯化步骤，也是从对甲苯磺酸钠中的分离步骤，4h 的升华（真空度是 0.5mmHg）足以生成90％以上产品。

（8）所有使用的试剂是市售的分析纯的试剂。核磁共振光谱在 Bruker AVANCE 400仪器上于室温下完成，TMS 作为标准物质。反应使用真空隔膜泵（1～760mmHg）或水泵。用显微熔点仪测定熔点。

F　结果与讨论

（1）解释获得的 ^{1}H NMR 谱，并将得到的熔点与文献值比较。

（2）通过 NMR 计算产品产量[内部标准(IS)——氯乙酸]：

$$核磁管中二醇的物质的量 = \frac{二醇的峰面积(2.9ppm)}{IS 的峰面积(3.8ppm)} \times \frac{IS 的质量(m_3)}{IS 的相对分子质量}$$

$$二醇的总质量 = 二醇的物质的量 \times 二醇的相对分子质量 \times \frac{总的样品质量\ m_1)}{核磁的样品质量(m_2)}$$

计算产率、回收率、原子经济性。

（3）理顺环氧化和二醇形成机制，以及水或对甲苯磺酸对环氧化物开环的影响。

（4）探讨对甲苯磺酸在整个过程中的重要性。

F　安全与环保

（1）对甲苯磺酸是一种腐蚀性酸，可能引起严重的皮肤和眼睛灼伤。

（2）30％过氧化氢是一种腐蚀性氧化剂，接触易燃物可能引起火灾。

（3）环己烯是一种易燃的试剂，如果吞下或与皮肤接触，伤害很大。

（4）穿防护服、手套和护目镜。整个实验在通风橱中进行。

G　参考文献

[1] 高斌. 1,2-环己二醇合成新工艺研究[D]. 郑州：郑州大学,2002.

[2] 王斐. 1,2-环己二醇合成的工程基础数据测定与研究[D]. 郑州：郑州大学,2003.

[3] 周彩荣. 由环己烯制备 1,2-环己二醇的研究[D]. 郑州：郑州大学,2003.

[4] 强黎明. 反式-1,2-环己二醇的分离与提纯[D]. 郑州：郑州大学, 2004.

[5] 高玉国. 反式-1,2-环己二醇三元体系固液相平衡研究[D]. 郑州：郑州大学,2006.

[6] 田红艳. 反式-1,2-环己二醇的制备[D]. 郑州：郑州大学,2009.

[7] Dupau P, Epple R, Thomas A A , et al. Osmium-catalyzed dihydroxylation of olefins in acidic media：Old process, new tricks[J]. *Adv. Synth. Catal.*, 2002, 344, 421 – 433.

[8] Bhunnoo R A, Hu Y L, Laine D I, et al. Asymmetric dihydroxylation of olefins in the presence of a chiral phase transfer agent[J]. *Angew. Chem. Int. Ed.*, 2002, 41, 3479 – 3480.

[9] Plietker B, Niggemann M, Pollrich A. The acid accelerated ruthenium-catalysed dihydroxylation：Scope and limitations[J]. *Org. Biomol. Chem.*, 2004, 2, 1116 – 1124.

[10] Burlingham B T, Rettig J C. Evaluating mechanisms of dihydroxylation by thin-layer chromatography：A microscale experiment for organic chemistry[J]. *J. Chem. Educ.*, 2008, 85, 959 – 961.

[11] Emmanuel L, Shaikh T M A, Sudalai A. NaIO4/LiBr-mediated diastereoselective dihydroxylation of olefins：A catalytic approach to the prevost-woodward reaction[J]. *Org. Lett.*, 2005, 7, 5071 – 5074.

[12] Roebuck A, Adkins H. Trans-1,2-cyclohexanediol[J]. *Org. Synth.*, 1948, 28, 35 – 37.

[13] Hartung A, Keane M A, Kraft A. Advantages of synthesizing trans-1,2-cyclohexanediol in a continuous flow microreactor over a standard glass apparatus[J]. *J.*

Org. Chem.，2007，72，10235 – 10238.

[14] Usui Y, Sato K, Tanaka M. Catalytic dihydroxylation of olefins with hydrogen peroxide: An organic-solvent and metal-free system[J]. *Angew. Chem. Int. Ed.*，2003，42，5623 – 5625.

[15] Zhu W M, Ford W T. Oxidation of alkenes with aqueous potassium peroxymonosulfate and no organic solvent[J]. *J. Org. Chem.*，1991，56，7022 – 7026.

[16] 俞磊，王俊，陈天，等. 二苯基二硒醚催化双氧水氧化环己烯合成 1,2-环己二醇 [J]. 有机化学，2013，33，1096 – 1099.

实验 3　催化燃烧法净化挥发性有机污染物实验

A　实验目的

（1）查阅文献，了解该领域的研究进展。

（2）了解催化燃烧法中催化剂的筛选及合成方法。

（3）学习催化剂的制备方法，可单独合成所需催化剂。

（4）利用气相色谱及质谱评价催化剂的活性及稳定性。

（5）掌握设计正交实验优化反应条件。

（6）利用 N_2 吸附、XRD、TEM 等手段对催化剂的结构及形貌进行表征，并与活性相关联。掌握上述表征手段的方法及数据分析方法。

B　实验原理

挥发性有机化合物（volatile organic compounds，VOCs）是一类在常温常压下容易挥发，并具有较高的蒸气压的非甲烷类有机化合物。在常温常压下这类物质的沸点通常都低于 260℃，饱和蒸气压都大于 70Pa。这类有机化合物的种类很多，比如脂肪烃、芳香烃及其衍生物，以及含杂原子烃类，如含卤素烃、含氮烃及含硫烃等。

VOCs 对于人体健康有很大的危害，它们进入人体可以导致人体呼吸系统、中枢神经系统、生殖系统和免疫系统等生理功能的异常，容易导致基因突变，并有致癌作用。

催化燃烧法是目前应用最为宽广而且经济的方法之一。我们利用催化剂降低 VOCs 分解的活化能。通过降低活化能和起燃温度，从而实现 VOCs 在较低温度下被直接氧化成 CO_2、H_2O 和一些其他的小分子化合物，做到无害化或低毒处理。催化燃烧法具有能耗低、效率高、二次污染小等优点。催化燃烧是由催化剂提供大量的活性氧，活性氧与 VOCs 充分接触后进行剧烈的氧化反应。

按照负载的活性组分的不同，VOCs 催化燃烧的催化剂大致可以分为三类：贵金属催化剂、过渡金属氧化物催化剂和稀土复合氧化物催化剂。贵金属催化剂主要是指以 Pt、Pd、Ru 等贵金属为活性组分的催化剂。其对于烃类及其衍生物具有很高的催化活性。贵金属催化剂具有适用范围广、使用寿命长、回收方便等优点，但是其资源少，价格昂贵。贵金属催化在催化含硫、氯等含杂原子烃类时容易中毒，活性失去或减弱。因此，人们一直在寻找能替代它们的催化剂。过渡金属氧化物催化剂是以过渡金属为活性组分的催化剂。由于一些过渡金属的氧化态较高，所以其有较强的氧化性，对于烃类的催化燃烧也具有较好的催化活性。常见的有 MnO_x、CoO_x、CrO_x 等。

稀土复合氧化物催化剂是通过加入稀土元素来对过渡金属氧化物催化剂做进一步改进。经过稀土改性的过渡金属氧化物催化剂比单一的金属氧化物具有更高的催化效率。稀土复合氧化物催化剂由于其氧化物结构中容易形成表面晶格缺陷，这些表面晶格缺陷形成氧化活性位，从而表现出良好的深度氧化能力，而且大幅度降低了反应活化能，使反应能在较低的温度下进行。由于稀土复合氧化物催化剂的催化活性高，且容易制备得到，因此其成为催化燃烧领域的新的研究热点。

本实验的目标为通过设计合适的实验方案利用催化剂催化降解 VOCs。本实验是综合性的开放性实验，因此要求学生在实验前通过查阅文献自行设计实验方案。学生通过查阅文献，确定所需催化剂及降解 VOCs 类型，并通过正交实验优化反应的条件。

本实验将以多孔材料负载过渡金属及稀土催化剂对氯苯降解为例进行实验步骤的讲解。

使用负载型催化体系的优点是可以降低活性组分的用量及绿色环保（可重复利用），并且该体系活性剂稳定性较优。这是一个气固相反应，利用在线装置评价一定浓度的氯苯通过催化剂前后的变化，来确定其在某一温度的转化率。通过评价不同催化剂来筛选出最佳的催化剂组成体系。

本实验的正交实验设计的参考变量可以为以下几个：① 多孔材料的结构对催化活性的影响；② 催化剂第二活性组分对活性的影响，如添加不同的稀土；③ 稀土添加量的影响。学生可以根据参考文献优选其中的几个变量进行优化。

C　实验仪器与试剂

（1）主要仪器

加热套、催化剂评价装置、气相色谱仪、气相质谱仪、净化空气源、电子天平、马弗炉、粉末压片机、电热恒温鼓风干燥箱、箱式电阻炉控温仪、坩埚、蒸发皿、移液管、研钵。

（2）主要试剂与材料

分子筛、柱撑黏土、氧化铝、硝酸盐、稀土溶液、贵金属。

根据学生具体设计情况而定。

D　实验步骤与方法

实验部分 1　负载型催化剂的制备（6h）

取干燥洁净的坩埚并编号，以柱撑黏土、分子筛、Al_2O_3 等多孔材料为载体（每组学生选取一种），各取 2.0g 放入坩埚中。选取合适的干燥洁净的移液管分别移取一定量的过渡金属溶液及稀土溶液至坩埚中，过渡金属与稀土按一定的物质的量比配好。边倒入边轻轻振动使得载体与溶液（不够的加入适量蒸馏水）完全而均匀地混合并刚好没过载体，浸渍 12h。将浸渍好的载体在加热套中边加热边搅拌直至炒干，放入马弗炉中 500℃ 焙烧 2h，冷却至

100℃以下后取出,装入样品袋贴上标签用于测定。所有催化剂的用量均为10％。

实验部分2　催化剂的活性评价及副产物测定(12h)

(1) 浓度工作曲线的制定

根据需要,进行催化活性评价空速为20000/h,确定相应的流量控制条件。

实验需控制VOCs的浓度约为1000ppm,采用外标法标定。VOCs浓度标定具体步骤为:取$0.5\mu L$的氯苯置于100mL的密封针筒中,红外灯下将其加热成蒸气,由此可得到氯苯浓度为$0.88\times10^{-6}g/mL$的标定气体,然后分别取0.2、0.4、0.6、0.8、1.0mL体积的标定气体进行气相色谱分析,作峰面积-浓度的标定直线。

(2) 催化剂活性评价方法及装置

催化剂活性评价在天津先权仪器有限公司生产的催化剂评价装置(WFS-3010)上进行。在控制空速为20000/h的条件下,反应器进出口中VOCs的浓度采用GC1690气相色谱(FID)在线检测(色谱工作条件:汽化室温度120℃,柱温120℃),由N2000色谱数据工作站记录分析数据。

反应物和产物通过定量六通阀(1mL)进样,将催化剂过40～60目筛,作为样品用作活性测试,量取体积为0.35mL的催化剂,装入进样管。在每次评价前催化剂需在400℃下活化0.5h。利用质谱仪,检测反应产物中HCl与Cl_2的含量。评价装置见图5-2。

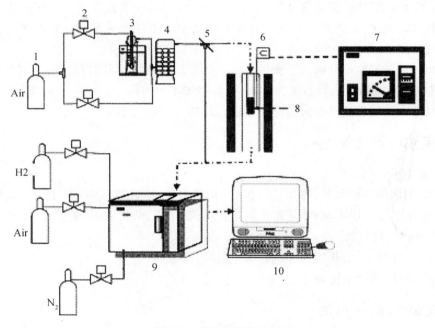

图5-2　实验装置示意图

1-气体钢瓶;2-流量计;3-冷却槽;4-气体混合室;5-六通阀;6-热电偶;7-控温仪;8-催化剂;9-气相色谱;10-数据处理

实验部分3　催化剂的表征(14h)

(1) X射线衍射(XRD)测定

约取10mg的催化剂在研钵中研磨成细粉,装入载破片,压平,放入衍射仪中进行测定。

　　XRD 是采用 X 射线衍射分析技术,可观察催化剂的物相结构,是解释原子在催化剂内部空间排列状况的较有力的手段。催化剂的物相结构在 RigakuD/max-3BX 型 X 射线粉末衍射仪上进行,CuKα 射线,管电流为 25mA,管电压为 40kV,扫描速率为 0.02°/s,催化剂的扫描范围 $2\theta = 10° \sim 70°$。通过 Scherrer 方程计算:

$$d = \frac{0.089\lambda}{B(2\theta)\cos\theta}$$

式中:$B(2\theta)$ 是衍射峰的半峰宽;

　　　　λ 是 X 射线的波长;

　　　　θ 是衍射峰的位置;

　　　　d 是样品的平均晶粒度。

　　(2)比表面积及孔结构测定

　　载体材料及其负载型催化剂的比表面积、孔结构的测定是在 Tristar II 3020 全自动吸附仪上完成的。采用液氮温度(77K)下的 N_2 吸附法测得 BET 比表面积和孔径分布,样品均于 250℃抽气预处理 2h。采用 t-plot 方法测定中孔比表面积和微孔体积,Barrett-Joyner-Halenda(BJH) 方法测定孔体积。利用公式 $4V/A$(V 为孔体积,A 为 BET 比表面积)计算平均孔径。

　　(3)扫射电镜-元素分析(SEM-EDS)

　　SEM-EDS 表征采用日本 JEOL 公司生产的 JEOL 6335F 型扫描电镜,配备 EDAX-EDS,工作电压为 10kV,工作距离为 9mm,分辨率为 4.5nm。

　　将样品粉末分散于无水乙醇中,置超声波下振荡 5min,用镀有碳膜的铜网捞取悬浮样品,待干燥后装入电镜预处理室,抽空后转入测量室,测量。

注释

　　(1)这是一个气固相的反应,保持体系密闭性非常重要,接口处需检测气体是否漏气。

　　(2)计算催化剂负载量时,均以金属含量为准。例如负载 10% Cr 催化剂,以 $Cr(NO_3)_3$ 为前躯体,2g 多孔材料为载体,需 0.2g Cr 金属。

　　(3)催化剂在马弗炉里焙烧,应以升至 500℃时为准,计时 2h。焙烧结束后,应等炉膛温度降至 200℃以下,方可取出马弗炉内催化剂。

　　(4)评价催化剂应该在低于 500℃下进行,评价温度由高到低,直到催化剂的转化率低于 20%,且每个温度点平行测定不少于 2 次。

　　(5)催化剂评价结束需回收。

　　(6)催化剂表征在老师指导下完成。

E　结果与讨论

　　(1)制备用于易挥发有机物催化降解的催化剂的主要方法有哪些? 本实验所使用方法有何优缺点?

　　(2)催化剂评价为什么要在 500℃以下进行,转化率为 20%以下结束?

　　(3)谈一谈催化剂的表征手段与催化剂活性的关系。

　　(4)常见的催化剂载体有哪些? 举例说明它们的优缺点。

F　安全与环保

（1）易挥发有机物对人体健康有极大危害，吸入可能引起中毒。

（2）使用电器应注意接头是否老化，热电偶位置是否正确。

（3）穿防护服、手套和护目镜。

【参考文献】

［1］Booij E，Kloprogge J T，van Veen J A R. Large pore Al-REE pillared bentonites：Preparation，structural aspects and catalytic properties[J]. *Appl. Clay Sci.*，1996，11：155-162.

［2］Jobbágy M，et al. Synthesis of copper-promoted CeO$_2$ catalysts[J]. *Chem. Mater.*，2006，18：1945-1956.

［3］Beck J S，et al. Gas adsorption：A valuable tool for the pore size analysis and pore structure elucidation of ordered mesoporous materials[J]. *J. Am. Chem. Soc.*，1992（114）：10834-10839.

［4］Spivey J J. Structure sensitivity of methane oxidation over platinum and palladium[J]. *Ind. Eng. Chem. Res.*，1987（26）：2165-2180.

［5］Hutchings G J，Taylor S H. Designing oxidation catalysts[J]. *Catalysis Today*，1999（49）：105.

［6］González F，et al. Synthesis of smectites and porous pillared clay catalysts：A review[J]. *J. Chem. Soc. Chem. Commun.*，1992（6）491-796.

［7］Brindley G W，Sempels R E. Preparation and properties of some hydroxy-aluminium beidellites[J]. *Clay Minerals*，1977（12）229-238.

［8］Pinnavaia T J. Intercalated clay catalysts[J]. *Science*，1983（220）365-371.

［9］Ding Z，et al. Porous clays and pillared clays-based catalysts. Part 2：A review of the catalytic and molecular sieve applications[J]. *J. Porous. Mater.*，2001（8）273-293.

［10］Sayle X T，Parker S C，Sayle D C. Oxidizing CO to CO$_2$ using ceria nanoparticles[J]. *Phys. Chem. Chem. Phys.*，2005.7：2936-2941.

［11］Lin S S，et. al. Preparing and characterizing an optimal supported ceria catalyst for the catalytic wet air oxidation of phenol[J]. *Water Res.*，2003（37）：793-798.

［12］Wang C H，Lin S S. Preparing an active cerium oxide catalyst for the catalytic incineration of aromatic hydrocarbons[J]. *Appl. Catal. A.*，2004.26（12）：227-233.

［13］Dai Q G，Wang X Y，Lu G Z. Efficient low-temperature catalytic combustion of trichloroethylene over flower-like mesoporous Mn-doped CeO$_2$ microspheres[J]. *Catal. Commun.*，2007.22（8）：1645-1653.

［14］张广宏，等. 挥发性有机物催化燃烧消除的研究进展[J]. 化工进展，2007，26（5）：624-631.

［15］洪紫萍. 挥发性有机化合物的污染与防治[J]. 环境污染与防治，1994，16（4）：

24 - 27.

[16] 张春菊，叶代启，吴军良. 先进实用挥发性有机废气吸附与催化净化技术[J]. 能源环境保护，2005，19(4)：5 - 8.

[17] 王军，沈美庆，王晓玲. 燃烧法控制有机废气污染的催化剂性能研究[J]. 燃烧科学与技术，2001，7(3)：242 - 244.

[18] Garetto T F, et al. Deactivation and regeneration of Pt/Al_2O_3 catalysts during the chydrodechlorination of carbon tetrachloride[J]. *Appl. Catal. B*, 2009, 87(34)：211 - 219.

[19] 何毅，等. 有机废气催化燃烧技术[J]. 江苏环境科技，2004，1(17)：35 - 38.

[20] 詹建锋. 三苯废气净化处理装置[J]. 福建化工，1996，(4)：38 - 39.

[21] Kapteijn F, et al. Activity and selectivity of pure manganese oxides in the selective catalytic reduction of nitric oxide with ammonia[J]. *Appl. Catal. B*, 1994, 2(3)：173 - 189.

[22] Kapteijn F, et al. Alumina-supported manganese oxide catalysts：I. Characterization：Effect of precursor and loading[J]. *J. Catal.*, 1994, 150：94 - 104.

[23] 钟雄，祝建中，梁好. $KCeO_2MnPcX$ 对表面活性剂的催化氧化性能研究[J]. 环境科学与技术，2006，29(1)：31 - 32.

附 录

专业实验室安全与环保

实验室潜藏着各种危害因素。这些潜在的危害因素可能引发出各种事故,造成环境污染和人体伤害,甚至可能危及到人的生命安全。

实验室安全技术和环境保护对开展科学实验有着重要意义,我们不但要掌握这方面的有关知识,而且应该在实验中加以重视,防患于未然。

本节主要根据应用化学实验中存在的不安全因素,对防火、防爆、防毒、防触电等安全操作知识及防止环境污染等内容做一些基本介绍。

1.1 实验室安全知识

1.1.1 实验室常用危险品的分类

应用化学实验常有易燃性物质、易爆性物质及有毒物质,归纳起来主要有以下几类:

(1) 可燃气体

凡是遇火、受热或与氧化剂相接触能引起燃烧或爆炸的气体称为可燃气体,如氢气、甲烷、乙烯、煤气、液化石油、一氧化碳等。

(2) 可燃液体

容易燃烧而在常温下呈液态,具有挥发性,闪点低的物质称为可燃液体,如乙醚、丙酮、汽油、苯、乙醇等。

(3) 可燃性固体物质

指凡遇火、受热、撞击、摩擦或与氧化剂接触能着火的固体,如木材、油漆、石蜡、合成纤维等,化学药品有五硫化磷、三硫化磷等。

(4) 爆炸性物质

指在热力学上很不稳定,受到轻微摩擦、撞击、高温等因素的激发而发生激烈的化学变化,在极短时间内放出大量气体和热量,同时伴有热和光等效应发生的物质,如过氧化物、氮的卤化物、硝基或亚硝基化合物、乙炔类化合物等。

(5) 自燃物质

指在没有任何外界热源的作用下,由于自行发热和向外散热,当热量积蓄升温到一定程度能自行燃烧的物质,如磁带、胶片、油布、油纸等。

（6）遇水燃烧物质

有些化学物质当吸收空气中水分或接触了水时，会发生剧烈反应，并放出大量可燃气体和热量，当达到自燃点而引发燃烧和爆炸，如活泼金属钾、钠、锂及其氢化物等。

（7）混合危险性物质

两种或两种以上性能抵触的物质，混合后发生燃烧和爆炸的称为混合危险性物质，如强氧化剂（重酪酸盐、氧、发烟硫酸等）、还原剂（苯胺、醇类、有机酸、油脂、醛类等）。

（8）有毒物品

某些侵入人体后在一定条件下破坏人体正常生理机能的物质称有毒物质。

① 窒息性毒物：氮、氢、一氧化碳等。

② 刺激性毒物：酸类蒸气、氯气等。

③ 麻醉性或神经毒物：芳香类化合物、醇类化合物、苯胺等。

④ 其他无机及有机毒物：指对人体作用不能归入上述三类的无机和有机毒物。

1.1.2　防燃、防爆的措施

（1）有效控制易燃物及助燃物

部分可燃气体和蒸气的爆炸极限见附表1。化学化工类实验室防燃防爆，最根本的是对易燃物和易爆物的用量和蒸气浓度要有效控制。

① 控制易燃易爆物的用量。原则上是用多少领多少，不用的要存放在安全地方。

② 加强室内的通风。主要是控制易燃易爆物质在空气中的浓度，一般要小于或等于爆炸下限的1/4。

③ 加强密闭。在使用和处理易燃易爆物质（气体、液体、粉尘）时，加强容器、设备、管道的密闭性，防止泄漏。

④ 充惰性气体。在爆炸性混合物中充惰性气体，可缩小以至消除爆炸范围和制止火焰的蔓延。

附表 1　部分可燃气体和蒸气的爆炸极限

物质名称	化学式	沸点/℃	闪点/℃	自燃点/℃	爆炸极限	
					上限/%	下限/%
氢	H_2	−252.3		510	75	4.0
一氧化碳	CO	−192.2		651	74	12.5
氨	NH_3	−33			27	16
乙烯	$CH_2{=}CH_2$	−103.9		540	32	3.1
丙烯	C_3H_6	−47		45	10.3	2.4
丙烯腈	$CH_2{=}CHCN$	77	0~2.5	480	17	3
苯乙烯	$C_6H_9CH{=}CH$	145	32	490	6.1	1.1
乙炔	C_2H_2	−84(升华)		335	32	2.3

续表

物质名称	化学式	沸点/℃	闪点/℃	自燃点/℃	爆炸极限	
					上限/%	下限/%
苯	C_6H_6	81.1	−15	580	7.1	1.4
乙苯	$C_6H_5C_2H_5$	36.2	15	420	3.9	0.9
乙醇	C_2H_5OH	78.8	11	423	20	3.01
异丙醇	$CH_3CHOHCH_5$	82.5	12	400	12	2
甲醇	CH_3OH	64.7	9.5	455		
丙酮	CH_3COCH_3	56.5	−17	500	13	
乙醚	$(C_2H_5)_2O$	34.6	−45	180	48	1
甲醛	CH_3CHO			185	56	4.1

（2）消除点燃源

① 管理好明火及高温表面,在有易燃易爆物质的场所严禁明火(如电热板、开式电炉、电烘箱、马弗炉、煤气灯等)及白炽照明。

② 严禁在实验室内吸烟。

③ 避免摩擦和冲击过程中产生过热甚至发生火花。

④ 严禁各类电气火花,包括高压电火花放电、弧光放电、电接点微弱火花等。

1.1.3　消防措施

消防的基本方法有如下几种:

① 隔离法。将火源处或周围的可燃物撤离或隔开,由于燃烧区缺少可燃物,燃烧停止。

② 冷却法。降低燃烧物的燃点温度是灭火的主要手段。常用冷却剂是水和二氧化碳。

③ 窒息法。冲淡空气,使燃烧物质得不到足够的氧而熄灭,如用黄沙、石棉毯、湿麻袋、二氧化碳、惰性气体等。但对爆炸性物质起火不能用覆盖法,若用了覆盖法,会阻止气体的扩散而增加了爆炸的破坏力。

（1）灭火剂的种类和选用

灭火时必须根据火灾的大小、燃烧物的类别及其环境情况选用合适的灭火器材,见附表2。通常实验室发生火灾时按下述顺序选用灭火器材:二氧化碳灭火器、干粉灭火器、泡沫灭火器。

（2）灭火器材的使用方法

① 拿起软管,把喷嘴对着着火点,拔出保险销,用力压下并抓住杠杆压把,灭火剂即喷出。

② 用完后要排除剩余压力,有待重新装入灭火剂后备用。

附表 2　实验室常用的灭火器材

灭火剂			一般火灾	可燃液体火灾	带电设备起火
液体	水	直射	√	×	×
		喷雾	√	√	√
	泡沫		√	√	×
气体	CO_2		√	√	√
固体	干粉(磷酸盐类等)		√	√	√

注:√表示适用;×表示禁用

1.1.4　有毒物质的基本预防措施

实验室中多数化学药品都具有毒性,几种常用的有毒物质的最高允许浓度见附表 3。毒物侵入人体有三个途径:皮肤、消化道、呼吸道。因此,只要依据毒物的危害程度的大小,采取相应的预防措施完全能防止其对人体的危害。

(1)使用有毒物时要准备好或戴上防毒面具、橡皮手套,有时要穿防毒衣装。

(2)实验室内严禁吃东西,离开实验室应洗手,如面部或身体被污染,必须进行清洗。

(3)实验装置尽可能密闭,防止冲、溢、泡、冒事故发生。

(4)采用通风、排毒、隔离等安全防范措施。

(5)尽可能用无毒或低毒物质替代高毒物质。

附表 3　几种常用有毒物质的最高允许浓度

物质名称	最高允许浓度 /(mg/m³)	物质名称	最高允许浓度 /(mg/m³)
一氧化碳	30	酚	5
氯	2	乙醇	1500
氨	30	甲醇	50
氯化氢及盐酸	150	苯乙烯	40
氯化氢及氢酸	0.3	甲醛	5
硫酸及硫酐	10	四氯化碳	5
苯	500	溶剂汽油	350
二甲苯	100	汞	0.1
丙酮	400	二硫化碳	10
乙醚	500		

1.1.5　电气对人体的危害及防护

电气事故与一般事故的差异在于,电气事故往往没有某种预兆下瞬间就发生,而造成的伤害较大,甚至危及生命。电对人的伤害可分为内伤与外伤两种,可单独发生,也可同时发生。因此,掌握一定的电气安全知识是十分必要的。

（1）电伤危险因素

电流通过人体某一部分即为触电,是最直接的电气事故,常常是致命的。其伤害的大小与电流强度的大小、触电作用时间及人体的电阻等因素有关。实验室常用的电器使用的是 $220\sim380\mathrm{V}$,频率为 $50\mathrm{Hz}$ 的交流电,人体的心脏每跳动一次约有 $0.1\sim0.2\mathrm{s}$ 的间歇时间,此时对电流最为敏感,因此,当电流经人体脊柱和心脏时其危害极大。电流量和电压大小对人体的影响见附表4和附表5。

附表4　电流量对人体的影响（50～60Hz 交流电）

电流量	对人体的影响
1mA	略有感觉
5mA	相当痛苦
10mA	难以忍受的痛苦
20mA	肌肉收缩,无法自行脱离触电电源
50mA	呼吸困难,相当危险
100mA	大多数致命

附表5　电压对人体影响

电压	接触时对人体的影响	备注
10V	全身在水中,跨步电压界限为 10V/m	
20V	为湿手的安全界限	
30V	为干燥手的安全界限	
45V	为对生命没有危险的界限	
200V 以上	危险性极大,危及到人的生命	
3000V	被带电体吸引	最小安全距离 15cm
$10^4\mathrm{V}$ 以上	有被弹开而脱险的可能	最小安全距离 20cm

人体的电阻分为皮肤电阻（潮湿时约为 2000Ω,干燥时为 5000Ω）和体内电阻（$150\sim500\Omega$）。随着电压升高,人体电阻相应降低。触电时则因皮肤破裂而使人体电阻骤然降低,此时通过人体的电流即随之增大而危及到人的生命。

（2）防止触电注意事项

① 电气设备要有可靠接地线,一般要用三眼插座。

② 一般不带电操作。除非在特殊情况下需带电操作,必须穿上绝缘胶鞋及戴橡皮手套等防护用具。

③ 安装漏电保护装置。一般规定其动作电流不超过 $30\mathrm{mA}$,切断电源时间应低于 $0.1\mathrm{s}$。

④ 实验室内严禁随意拖拉电线。

⑤ 对使用高电压、大电流的实验,至少要由两人进行操作。

1.1.6　高压容器安全技术

高压容器一般可分成两大类：固定式及移动式。实验室常用的固定式压力容器有高压釜、直流管式反应器、无梯度反应器及压力缓冲器等。移动式压力容器主要是压缩气瓶及液化气瓶等。压力容器的等级分类见附表6。

附表6　压力容器等级分类

类别	工作压强 P/MPa
低压容器	$0.1 \leqslant P < 1.6$
中压容器	$1.6 \leqslant P < 10$
高压容器	$10 \leqslant P < 100$
超高压容器	$P \geqslant 100$

（1）高压气瓶

气瓶是实验室常用的一种移动式压力容器，一般由无缝碳素钢或合金钢制成，适用装介质压强在 15MPa 以下的气体或常温下与饱和蒸气压相平衡的液化气体。由于其流动性大，使用范围广，因此，若不加以重视，往往容易引发事故。

各类钢瓶按所充气体不同，涂有不同的标记以资识别，有关特征见附表7。

附表7　常用钢瓶的特征

气体名称	瓶身颜色	标字颜色	装瓶压强/MPa	状态	性质
氧气瓶	天蓝色	黑	15	气	助燃
氢气瓶	深绿色	红	15	气	可燃
氮气瓶	黑色	黄	15	气	不燃
氩气瓶	棕色	白	15	气	不燃
氨钢瓶	黄色	黑	3	液	不燃（高温可燃）
氯钢瓶	黄绿色	白	3	液	不燃（有毒）
二氧化碳瓶	银白色	黑	12.5	液	不燃
二氧化硫瓶	灰色	白	0.6	液	不燃（有毒）
乙炔钢瓶	白色	红	3	液	可燃

（2）高压钢瓶的安全使用

① 氧气瓶、可燃气体瓶应避免日晒，不准靠近热源，离电源至少 5m，室内严禁明火。钢瓶直立放置并加固。

② 搬运钢瓶应套好防护帽，不得摔倒和撞击，防止撞断阀门引发事故。

③ 氢、氧减压阀由于结构不同，丝扣相反，不准改用。氧气瓶阀门及减压阀严禁粘附油脂。

④ 开启钢瓶时，操作者应侧对气体出口处，在减压阀与钢瓶接口处无漏情况下，应首先打开钢瓶阀，然后调节减压阀。关气应先关闭钢瓶阀，放尽减压阀中余气，再松开减压阀

螺杆。

⑤ 钢瓶内气体(液体)不得用尽;低压液化气瓶余压在 0.3～0.5MPa,高压气瓶余压在 0.5MPa 左右,防止其他气体倒灌。

⑥ 领用高压气瓶(尤为可燃、有毒的气体)应先通过感观和异味来检察是否泄漏。对有毒气气体,可用皂液(氧气瓶不可用此方法)及其他方法检查钢瓶是否泄漏,若有泄漏,应拒绝领用。在使用中发生泄漏,应关紧钢瓶阀,注明漏点,并由专业人员处理。

1.1.7　实验事故的应急处理

在实验操作过程中,由于多种原因可能发生危害事故,如火灾、烫伤、中毒、触电等。在紧急情况下必须在现场立即进行应急处理,减小损失,不允许擅自离开而造成更大的危害。

(1) 发生火灾时,应选用适当的消防器材及时灭火。当电器发生火灾时,应立即切断电源,并进行灭火。在特殊情况下不能切断电源时,不能用水来灭火,以防二次事故发生。若火势较大,应立即报告消防队,并说明情况。

(2) 由于设备漏、冲、冒等原因使可燃、可爆物质逸散在室内,不可随意切断电源(包括仪器设备上的电源开关)。有时因通风设备没打开,一旦发生上述事故,就想加强通风而推上电源开关等,这是非常危险的。当某些电器设备是非防爆型的,由于启动开关瞬间发生的微弱火花,将引发出一场原可避免的重大事故。应该打开门窗进行自然通风,切断相邻室内的火源,及时疏散人员,有条件的话可用惰性气体冲淡室内气体,同时立即报告消防队进行处理。

(3) 中毒事故一般应急处理方法

凡是某种物质侵入人体而引起局部或整个机体发生障碍,即发生中毒事故时,应在现场做一些必要处理,同时应尽快送医院或请医生来诊治。

① 急性呼吸系统中毒。立即将患者转移到空气新鲜的地方,解开衣服,放松身体。若呼吸能力减弱,要马上进行人工呼吸。

② 口服中毒时,为降低胃中药品的浓度,延缓毒物侵害速度,可口服牛奶、淀粉糊、橘子汁等。也可用3％～5％小苏打溶液或 1∶5000 高锰酸钾溶液洗胃,边喝边使之呕吐,可用手指、筷子等压舌根进行催吐。

③ 皮肤、眼、鼻、咽喉受毒物侵害时,应立即用大量水进行冲洗。尤其当眼睛发生毒物侵害时,不要使用化学解毒剂,以防造成重大的伤害。

(4) 烫伤或烧伤现场急救措施有两个原则:① 暴露创伤面。但要视实际情况而定,若覆盖物与创伤面紧贴或粘连时,切不随意拉脱覆盖物而造成更大的伤害。② 冷却法。冷却水的温度在 10～15℃为合适。当不能用水直接进行洗涤冷却时,可用经水润湿的毛巾包上冰片,敷于烧伤面上,但要注意经常移动毛巾以防同一部位过冷,同时立即送医院治疗。

(5) 发生触电事故的处理方法

① 迅速切断电源,如不能及时切断电源,应立即用绝缘的东西使触电者脱离电源。

② 将触电者移至适当地方,解开衣服,使全身舒展,并立即找医生进行处理。

③ 如触电者已处于休克状态等危急情况下,要毫不迟疑立即实施人工呼吸及心脏按压,直至救护医生到现场。

1.2　实验室环保知识

实验室排放废液、废气、废渣等，即使数量不大，也要避免不经处理而直接排放到河流、下水道和大气中去，以免危害自身或危及他人的健康。

（1）实验室一切药品及中间产品必须贴上标签，注明为某物质，防止误用及因情况不明处理不当而发生事故。

（2）绝对不允许用嘴去吸移液管液体，应该用洗耳球等方法吸取。

（3）处理有毒或带有刺激性的物质时，必须在通风橱内进行，防止这些物质散逸在室内。

（4）实验室的废液应根据其物质性质的不同而分别集中在废液桶内，贴明显的标签，便于废液的处理。

（5）在集中废液时要注意，有些废液是不可以混合的，如过氧化物和有机物、盐酸等挥发性酸与不挥发性酸、铵盐及挥发性胺与碱等。

（6）对接触过有毒物质的器皿、滤纸、容器等，要分类收集后集中处理。

（7）一般的酸碱处理，必须在进行中和后用水大量稀释，才能排放到地下水槽。

（8）在处理废液、废物等时，一般都要戴上防护眼镜和橡皮手套。处理具有刺激性、挥发性的废液时，要戴上防毒面具，在通风橱内进行。

图书在版编目(CIP)数据

应用化学实验教程 / 季根忠主编. —杭州：浙江大学
出版社，2015.5
ISBN 978-7-308-14646-3

Ⅰ.①应… Ⅱ.①季… Ⅲ.①应用化学—化学实验—
高等学校—教材 Ⅳ.①O69-33

中国版本图书馆 CIP 数据核字（2015）第 088423 号

应用化学实验教程

主　编　季根忠

策划编辑	季　峥
责任编辑	季　峥
封面设计	刘依群
出版发行	浙江大学出版社
	（杭州市天目山路 148 号　邮政编码 310007）
	（网址：http://www.zjupress.com）
排　　版	杭州林智广告有限公司
印　　刷	富阳市育才印刷有限公司
开　　本	787mm×1092mm　1/16
印　　张	9.75
字　　数	237 千
版 印 次	2015 年 5 月第 1 版　2015 年 5 月第 1 次印刷
书　　号	ISBN 978-7-308-14646-3
定　　价	25.00 元